卷烟制造过程
工艺质量管理实务
卷包篇

广西中烟工业有限责任公司

广 西 烟 草 学 会

编著

广西科学技术出版社

图书在版编目（CIP）数据

卷烟制造过程工艺质量管理实务·卷包篇/广西中烟工业有限责任公司，广西烟草学会编著.—南宁：广西科学技术出版社，2023.5

ISBN 978-7-5551-1956-2

Ⅰ.①卷… Ⅱ.①广… ②广… Ⅲ.①烟叶加工—质量管理 Ⅳ.①TS452

中国国家版本馆CIP数据核字（2023）第085622号

卷烟制造过程工艺质量管理实务　卷包篇

广西中烟工业有限责任公司　广西烟草学会　编著

策　　划：袁　虹	责任校对：苏深灿
责任编辑：袁　虹	责任印制：韦文印
装帧设计：韦娇林	

出 版 人：卢培钊	出版发行：广西科学技术出版社
社　　址：广西南宁市东葛路 66 号	邮政编码：530023
网　　址：http://www.gxkjs.com	

经　　销：全国各地新华书店
印　　刷：广西雅图盛印务有限公司

开　　本：787mm×1092mm　1/16		
字　　数：300 千字	印　　张：18	
版　　次：2023 年 5 月第 1 版	印　　次：2023 年 5 月第 1 次印刷	
书　　号：ISBN 978-7-5551-1956-2		
定　　价：45.00 元		

《卷烟制造过程工艺质量管理实务　卷包篇》编委会

主　　编：韦小玲　范燕玲　刘　瑱

副主编：黄晓飞　夏永明　张莉强

编　　委：刘会杰　范自众　崔　升

　　　　　康金岭　刘远涛　张　野

前　言

　　中式卷烟的加工制造属于农产品的深加工，与其他农产品加工相比，中式卷烟加工制造更加注重保持和改善烟草特有的香气特征，更加注重成品质量的均匀性和一致性。由于卷烟产品要保持燃吸的相对稳定性和吸味的一致性，加工过程不能过分地破坏烟叶的物理结构，因此在加工环节须特别注重均匀性的保障。

　　由于烟草行业具有特殊性，对于卷烟制造企业的新员工来说，在进入烟草行业之前，学习和了解烟草行业专业技术的途径非常有限。为了使新员工能够全面了解和学习卷烟制造工艺流程、设备运行原理、质量控制要求、岗位操作要点等知识，不断提高新员工对烟草行业特点的认识，急需为新员工提供相应的培训教材。随着新员工培训工作经验的不断积累，我们认为应该把卷烟制造过程工艺质量管理的相关知识汇编成书，便于卷烟制造企业的员工全面、系统地学习本行业的知识。为此，我们组织了多名具有近20年卷烟制造过程工艺质量管理经验的专业人员，对国内具有代表性的大中型卷烟制造企业的卷烟制造工艺流程特点进行分析，结合卷烟加工制造中烟丝制造与烟支、烟包制造的设备、工艺、质量要求差异性大的具体情况，收集、整理近年来新员工工艺设备培训资料，编制成《卷烟制造过程工艺质量管理实务　制丝篇》和《卷烟制造过程工艺质量管理实务　卷包篇》。

　　《卷烟制造过程工艺质量管理实务　制丝篇》一书介绍了将烟片制成叶丝和膨胀叶丝，将烟梗制成梗丝，以及将叶丝、膨胀叶丝、梗丝混合制成卷制用烟丝的全过程，重点介绍设备功能、过程工艺质量控制要点等相关内容，能够帮助制丝车间的新员工全面、系统地了解生产加工各环节的要求。

《卷烟制造过程工艺质量管理实务 卷包篇》一书介绍了将烟丝制成烟支、烟包、烟条、烟箱的全过程，重点介绍设备功能、材料特性和质量、卷烟半成品及成品质量要求等相关内容，能够帮助卷包车间的新员工全面、系统地了解卷包加工各环节的要求。

卷包过程与制丝过程相比，具有以下3个特点：

一是设备工艺流程更复杂。卷包过程涉及的设备主要有卷接机、包装机、滤棒成型机、装封箱机等。卷接机使用材料将烟丝和滤棒制成烟支，包装机使用材料将烟支包装制成烟盒和烟条，滤棒成型机使用材料将丝束制成滤棒，装封箱机使用纸箱将烟条装箱打包。这些机组由不同设备连接而成，每台设备不但工序多、精度要求高，而且速度快，任何一个工序出现问题都会立即影响机组的正常运行或产品的质量。

二是烟用材料的影响较大。卷包过程是使用烟用材料将烟丝制成烟支、烟包、烟条、烟箱的过程，这个过程使用的烟用材料品种多，如卷接过程主要使用滤棒、卷烟纸、接装纸、烟用胶黏剂等，包装过程主要使用商标纸、内衬纸、烟用拉线、封签、烟用框架纸、烟用包装膜、烟用水基胶、烟用热熔胶等，滤棒成型过程主要使用丝束、滤棒成形纸、增塑剂和黏合剂等。由于每种材料的特性、组成不同而细分为各种类型，不同类型的烟用材料上机的适应性不同，而且参与燃吸过程的材料对卷烟吸味也有着不同的影响。因为烟用材料的品种和质量对设备运行效率及产品质量有直接的影响，所以卷包过程必须不折不扣地严格按照产品设计标准使用相应的烟用材料。

三是质量控制点较多。卷烟产品的外观质量直接影响消费者对产品的印象和信心，而卷包过程几乎承担了卷烟产品外观质量的全部责任，且卷包过程的每道设备工序、每种烟用材料的任意一个最小单元都有可能成为外观质量的一个缺陷。此外，烟支的重量、吸阻也会影响卷烟产品的感官质量。因此，在卷包生产过程中，质量控制点多是其主要控制难点。

综上所述，卷包车间的新员工只有完全掌握生产设备的运行原理和保养要求、每种烟用材料的特性和产品使用要求、卷烟产品质量要求等 3 个方面的基础知识，才能满足工作的要求。基于此，本书以柳州卷烟厂现有设备为例，分别对卷接、包装、封箱、成型、烟丝风送及滤棒发射等工序，以及卷烟物耗成本控制管理进行介绍。

本书在编写过程中，得到了广西中烟工业有限责任公司、广西烟草学会等单位相关领导、同事的大力支持和帮助，在此表示衷心的感谢。由于编者水平有限，书中难免有不足之处，恳请广大读者批评指正。

韦小玲

2022 年 12 月

目 录

卷包工艺流程
概述

卷烟生产主要包括制丝和卷包工艺过程。卷包是将制丝生产的合格烟丝卷接、包装成合格的卷烟成品。其中，卷接工艺包括卷制和接装两部分。卷制是利用卷接机将烟丝包卷在卷烟纸内，卷成烟条后切成一定长度的烟支，是卷烟制造的重要工艺过程之一；接装是将卷接机卷制成的烟支用接装纸接装成一定规格的滤嘴，形成滤棒卷烟。卷接工艺使用的材料主要有滤棒、卷烟纸、接装纸、烟用胶黏剂等。包装是先将合格烟支按一定要求予以排列，然后使用工艺规定的包装材料，根据规格和质量要求对合格烟支进行逐层包装，制成符合产品标准要求、可供市场销售的成品。包装包括烟支包成盒包、盒包透明纸、条包、条包透明纸及装箱全过程。包装工艺使用的材料主要有商标纸、内衬纸、烟用拉线、封签、烟用框架纸、烟用包装膜、烟用水基胶、烟用热熔胶等。

按照工艺流程设置，我们将卷包过程分为以下6道工序：

（1）卷接工序。将合格的烟丝经过卷烟纸包裹成烟支，并在烟支的一端用接装纸接装滤嘴，卷制成符合产品设计要求的烟支。

（2）包装工序。将卷接机生产的合格烟支，使用商标纸、内衬纸、烟用拉线、封签、烟用框架纸、烟用包装膜、烟用水基胶、烟用热熔胶等材料，包装成符合产品设计要求的烟包和烟条。

（3）封箱工序。将包装成条后的合格烟条按一定数量（常规为50条）码垛装入烟箱，经过封箱和打码，制成合格的箱装卷烟。将烟箱输送至机械手码垛，最后送入成品高架库存放。

（4）成型工序。将符合质量要求的丝束、成形纸、黏合剂和增塑剂等材料加工成能满足产品设计要求的滤棒。滤棒经过存储、固化后，供给烟支卷制使用。

（5）烟丝风送工序。将合格的烟丝通过振槽松散并输送至喂丝机，然后经过风送管道输送至相应的卷接机台。

（6）滤棒发射工序。将合格的滤棒经过发射设备输送至各卷接机台。

卷包工艺流程如图1-1所示。

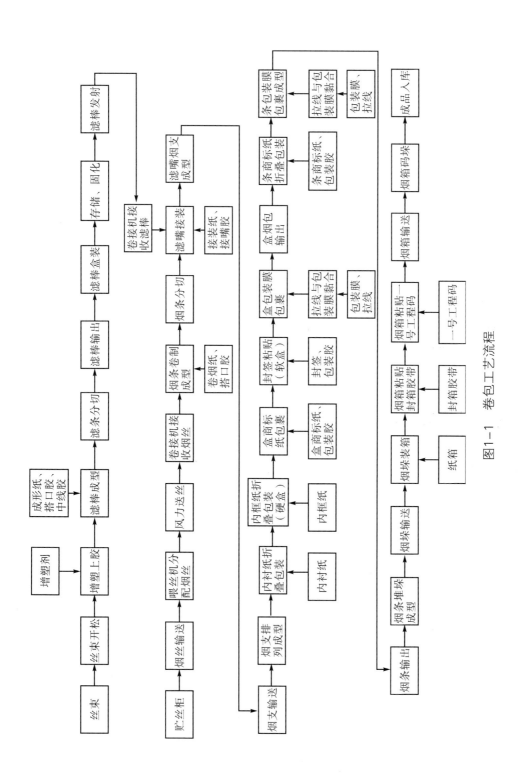

图1-1 卷包工艺流程

卷接工序

2.1 工艺任务与流程

2.1.1 工艺任务

利用卷接设备将符合产品风格的合格烟丝用卷烟纸包卷成一定规格的烟支，并在烟支的一端用接装纸接装滤嘴，制成质量与规格均符合产品设计标准要求的烟支。

2.1.2 工艺流程

卷接工序的工艺流程如图 2-1 所示。

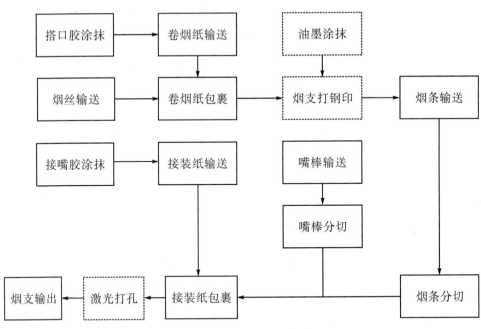

图2-1 卷接工序的工艺流程（虚线框为非必要工序）

2.2　主要设备

2.2.1　卷接机的发展

（1）烟草行业常用的卷接设备见表2-1。

表 2-1　烟草行业常用的卷接设备一览表

序号	型号	机器的最快生产速度（支/min）	生产厂家	备注
1	MOLINS super9	4 000	莫林斯烟草机械有限公司（MOLINS）	中速卷接设备
2	PASSIM（YJ19/YJ29）	8 000		
3	ZJ17	7 000	湖南常德烟草机械有限责任公司	
4	ZJ17C	7 000		
5	ZJ118	8 000		
6	PROTOS70（CDTM）	7 000～8 000		
7	ZJ116	14 000		高速卷接设备
8	ZJ116A	14 000		
9	PROTOS-M5	12 000～14 000	德国虹霓公司	
10	PROTOS2	14 000		
11	PROTOS2-2	16 000		
12	PROTOS-M8	16 000～20 000		
13	GD121A	12 000	意大利G.D公司	
14	GD121P-16K	16 000		
15	GD121P-20K	20 000		

（2）PROTOS系列卷接机的发展。PROTOS机组于1978年问世，当时生产速度为6 000支/min，由于其设计精良，外形美观，自动化程度高，有效作业率高，单支烟支重量变异系数小，由美国菲利普·莫里斯国际公司和雷诺兹烟草公司采用并投产。1981年，德国虹霓公司将PROTOS机组的生产速度提高到7 200

支 /min, 1985 年提高到 8 000 支 /min。1988 年，德国虹霓公司将 PROTOS8000 机组稍加改进，转变成 PROTOS70、PROTOS90 和 PROTOS100 三个型号的卷接机，卷烟生产速度分别为 7 000 支 /min、9 000 支 /min 和 10 000 支 /min，以适应不同的用户需求。1992 年，德国虹霓公司又推出双通道（双烟枪）卷接机 PROTOS2，生产速度为 14 000 支 /min。

（3）ZJ 系列卷接机的发展。ZJ 系列卷接机由湖南常德烟草机械有限责任公司制造。

①ZJ17 型卷接机使用德国虹霓公司设计制造的 PROTOS70 技术，集机、电、气、液、核、光于一体，额定生产速度为 7 000 支 /min，是中型卷烟厂的主要生产设备，在 20 世纪 90 年代初期达到国际先进水平。

②ZJ17C 型卷接机是对 ZJ17 型卷接机供料成条环节的供丝系统实施改造，采用流化床原理，提升烟丝的均匀性，增加烟丝的加工强度，增大过程造碎，为非主流设备。

③ZJ118 型卷接机是湖南常德烟草机械有限责任公司自主研发的新一代国产中速卷接机组，额定生产速度为 8 000 支 /min。该机组采用柔和供丝的流化床供丝系统、带有端部压实功能的劈刀装置、两级梗丝分离系统、免维护的螺旋回丝系统等多项先进的卷接技术及设计理念，具有生产率高、可靠性强、消耗低、节能环保、智能化和自动化的特点。

④ZJ116 型卷接机使用德国虹霓公司 PROTOS2-2 技术，由湖南常德烟草机械有限责任公司定点生产。

⑤ZJ116A 型卷接机是在 ZJ116 型卷接机的基础上进行 IPC 升级改造而成的。在机械方面，ZJ116A 型卷接机传承成熟的双轨技术，不改变工艺流程和主要原理，以提升稳定性和拓展功能设计为主；在电气方面，ZJ116A 型卷接机采用先进的嵌入式 IPC 控制技术、独立伺服驱动技术，配备全质量检测系统。

2.2.2　卷接机的通用功能及要求

（1）卷接机的烟支重量自动控制系统可对烟支的重量进行监测、自动控制、调节、剔除和统计。

（2）卷接机具有烟支空头、缺嘴、漏气自动检测及剔除、记数的功能。

（3）卷接机具有卷烟纸、接装纸自动拼接及拼接头烟支自动剔除的功能。

（4）卷接机具有故障自动诊断、报警和显示的功能。

（5）卷接机的标准数据接口可接收和传输设备运行数据。

（6）卷接机的烟支自动监测及剔除功能完好、可靠和准确。

（7）卷接机的梗签剔除装置完好、可靠和准确。

2.2.3　ZJ17 型卷接机

（1）ZJ17 型卷接机整组外观如图 2-2 所示。

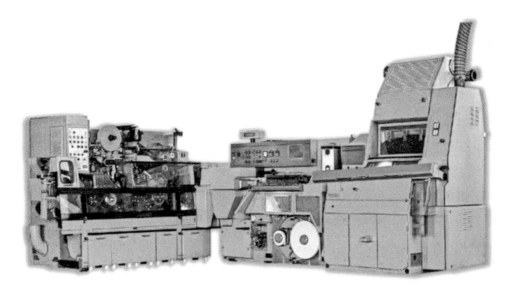

图2-2　ZJ17型卷接机整组外观正视图

（2）ZJ17 型卷接机的主要技术性能。该卷接机的最快生产速度为 7 000 支 /min；烟条的最快生产速度为 490 m/min；无滤嘴烟支的长度为 54 ～ 90 mm，无滤嘴烟支的直径为 5.4 ～ 9.0 mm；滤嘴烟支的长度为 65 ～ 120 mm，滤嘴长度一切四为 15 ～ 35 mm、一切六为 10 ～ 25 mm；水松纸的宽度为 14 ～ 45 mm。

（3）ZJ17 型卷接机的特点。烟条生产速度可达 490 m/min，整体布局紧凑、合理，维护方便，自动化程度高，故障自动显示，可靠性强，具有完善的风力系统和气动系统，采用二级梗丝分离，且配置完善的检测系统，能有效地控制烟支的重量。该卷接机配备 SRM90 重量控制和数据处理计算机系统、IT80 显示器，方便人机对话及显示、存储瞬时和累计的生产数据。

（4）ZJ17 型卷接机的组成和功能。该卷接机由 YJ17 型卷接机和 YJ27 型接装机组成。其中，YJ17 型卷接机又分为供料成条机和卷制成型机两大部分。YJ17 型卷接机供料成条机的功用是将送丝系统输送的烟丝进行松散和去除铁块、杂质、梗签、梗块后，制成符合烟支单位长度和重量要求的烟丝条并送到卷制成型机，卷制成型机再将烟丝条裹上卷烟纸后上胶、封口、烘干、切割成双倍长度的烟支，然后由蜘蛛手机构传送至 YJ27 型接装机的进烟鼓轮。YJ27 型接装机将双倍长度的烟支一切二并分离，在两支烟之间放入滤嘴段，包裹水松纸黏合，再切成两支符合规格长度的滤嘴烟支。由调头鼓轮将双排滤嘴烟支合并成与滤嘴方向一致的单排滤嘴烟支，经检测鼓轮检测后剔除不合格烟支，然后将成品滤嘴烟支输出至接装机，最后传送至装盘机，完成滤嘴烟支生产的卷接工艺。

① YJ17 型卷接机供料成条机（如图 2–3 所示）。该供料成条机的特点是提丝带设计较高，烟丝从风力送丝机构落至贮料区，然后经提丝带提升，进入计量料槽；烟丝松散程度较好，为梗丝分离创造了良好条件。提丝带可形成一个整体，与机架部分脱开，倾斜一定角度后敞开，便于维修和包装。风室体采用尼龙吸丝带，吸风面积大，吸附烟丝能力强；吸丝带采用气动张紧，不易打滑。该供料成条机由供料系统、梗丝分离系统、吸丝成形系统、烟支重量控制系统、回丝系统和液压系统等组成。

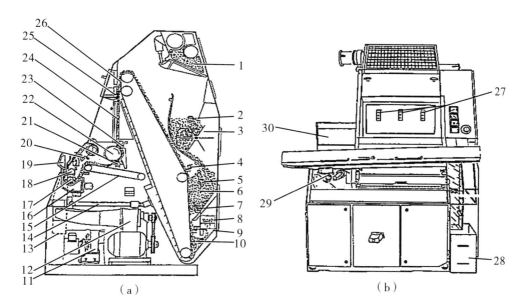

1– 风力送丝机构；2、5、7– 光电开关；3– 计量辊；4– 上均丝辊；6– 贮料区；8–落丝振槽；9–下均丝辊；10– 回丝贮料区；11– 低压通风机；12– 高压通风机；13– 二次分选装置；14– 液压装置；15– 输送带；16– 气室；17– 抛丝辊；18– 螺旋回梗机构；19– 风室体；20– 风分装置；21– 弹丝辊；22– 针辊；23– 匀丝板；24– 计量料槽；25– 磁选装置；26– 提丝带；27– 光电开关；28– 烟梗箱；29– 平准器；30–SRM90 电控柜。

图2–3　YJ17 型卷接机供料成条机示意图

a. 供料系统主要完成烟丝供给、均匀松散和除杂的任务。该供料成条机的供料系统由光、机、电一体化控制，具有自动化程度高、供料均匀、维护方便的特点。除刷丝辊可供用户选择外，还可根据用户需求安装风力送丝或小车送丝两种不同的送丝机构。

b. 梗丝分离系统主要完成梗丝分离和烟丝输送的任务。该供料成条机采用二次分离原理，分离效果较好，为烟支的卷制质量提供了可靠保障。

c. 烟支重量控制系统主要由平准器、平准器调节装置、烟条密度检测器和SRM 控制系统组成。烟支重量控制系统主要对吸丝成形系统的烟丝束修削任务进行控制，使修削后的烟丝条卷制成烟支后符合相关要求。

d. 回丝系统主要由主回丝输送带、副回丝输送带和落丝振槽等组成。回丝系统的主要作用是将平准器劈刀劈下的多余烟丝输送至回丝贮料区，具有结构紧凑、工作可靠等特点。

e. 液压系统主要完成预供丝装置的液压驱动，具有工作可靠、维护方便等特点。

② YJ17 型卷接机卷制成型机（如图 2-4 所示）。该卷制成型机的特点是更换盘纸和接纸，可在不降低机器速度的情况下进行自动操作。刀盘采用双刀双切结构，刀片可自动进行补偿进给，机组生产速度虽达到 7 000 支 /min，但刀盘转速只有 1 750 r/min，对降低机器振动、减少磨损、延长机器寿命十分有利。该卷制成型机主要由传动系统、供纸印刷系统、卷制成形系统、烟支切割系统、烟支输送系统、风力系统、气动控制系统、强制润滑系统和电气系统等组成。

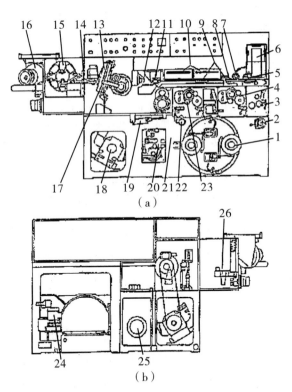

1- 供纸装置；2- 第二供纸辊；3- 导纸器；4- 第二印刷装置；5- 烟舌支架；6- 胶桶；7- 上胶装置；8- 大压板；9- 烟枪；10- 电烙铁；11- 打条器；12- 烟条密度检测器；13- 刀盘机构；14- 传烟导轨；15- 蜘蛛手机构；16- 漩涡通风机；17- 喇叭嘴机构；18- 主电动机；19- 布带张紧装置；20- 自动接纸器；21- 第一供纸辊；22- 卷烟纸补偿装置；23- 第一印刷装置；24- 强制润滑系统；25- 冷却通风机；26- 气动控制系统。

图2-4　YJ17 型卷接机卷制成型机示意图

　　a. 供纸印刷系统主要由供纸装置、自动接纸器和印刷系统组成。供纸印刷系统主要完成供纸和印刷的任务。自动接纸器采用动态接纸的方式，可靠性好。印刷系统具有 4 种不同组合形式可供选择。

　　b. 卷制成形系统主要由烟枪、布带轮及其张紧装置、上胶装置、电烙铁、打条器等组成。卷制成形系统的主要任务是完成烟丝条的卷制成形工作。布带轮采用膨胀式，用气动张紧布带。上胶装置采用重力式下胶或泵胶的方式。电烙铁由两个单独的烙铁体组成。打条器由气动控制。

　　c. 烟支切割系统主要由刀盘机构、喇叭嘴机构等组成。烟支切割系统的主要任务是完成烟支切割。烟支切割系统采用双刀双切的切割形式，即刀盘旋转一周切出两支双倍长的烟支，烟支进入接装机后再进行二次分切。

　　d. 烟支输送系统主要由蜘蛛手机构、传烟导轨和传烟负压系统等组成。烟支输送系统是将烟支切割系统输送来的双倍长度的烟支平稳传送到 YJ27 型接装机的进烟鼓轮上。

　　e. 风力系统主要由冷却风力系统和烟支输送装置的传烟负压系统两部分组成。冷却风力系统由一台冷却通风机及其输送管道组成，主要完成机组的冷却通风任务；烟支输送装置的传烟负压系统由一台漩涡通风机组成，主要为烟支输送提供足够的负压，协助完成烟支输送的任务。

　　③ YJ27 型接装机的作用、特点和组成。

　　YJ27 型接装机的作用是将卷接机卷制成双倍长度的烟支制成滤嘴卷烟。卷接机将双倍长度的烟支传递到进烟鼓轮后，将其切割成两支等长的烟支，然后分开一段距离，中间再放入滤嘴段，形成"组烟"，粘上水松纸片，搓接成双倍长度的滤嘴卷烟，再切割成两支单长滤嘴卷烟。机械手将双排滤嘴卷烟排成滤嘴朝向一致的单排滤嘴卷烟，经检测后剔除不合格的滤嘴卷烟，最后将成品滤嘴卷烟输出接装机。

　　YJ27 型接装机的特点是分离鼓轮中的双凸轮机构控制滑块，并做轴向往复滑动，结构精巧，分离准确，不会造成烟支空头。YJ27 型接装机具有完善的取样、检测、剔废系统，可分别对烟支和滤嘴卷烟自动取样，也可对滤嘴卷烟进行漏气、通风度、缺滤嘴、空头等项目检测，并能自动剔除本机检测和卷接机 SRM 系统检测的不合格卷烟，确保卷烟质量稳定、可靠。

YJ27 型接装机由电气控制系统、接装纸供给、滤嘴段供给、烟支供给、搓接与最后分切、滤嘴卷烟调头、滤嘴卷烟检测剔废与出烟等组成，如图 2-5 所示，各功能部件布置如图 2-6 所示。

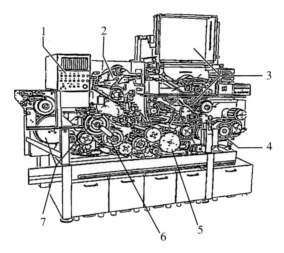

1– 电气控制系统；2– 接装纸供给；3– 滤嘴段供给；4– 烟支供给；5– 搓接与最后分切；
6– 滤嘴卷烟调头；7– 滤嘴卷烟检测剔废与出烟。

图2-5　YJ27 型接装机各系统组成示意图

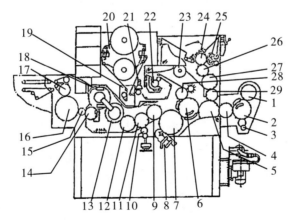

1– 进烟鼓轮；2– 烟支切割鼓轮；3– 烟支切刀；4– 分离鼓轮；5– 会合鼓轮；6– 靠拢鼓轮；
7– 搓接鼓轮；8– 搓板；9、12、15– 传送鼓轮；10– 切刀；11– 最后分切鼓轮；13– 调头鼓轮；
14– 剔除鼓轮；16– 取样鼓轮；17– 出烟鼓轮；18– 检测鼓轮；19– 自动接纸器；20– 纸盘支
架；21– 供纸架；22– 上胶装置；23– 手轮；24– 滤棒切割鼓轮；25– 滤棒切刀；26– 错位鼓轮；
27– 并行鼓轮；28– 切纸刀；29– 加速鼓轮。

图2-6　YJ27 型接装机各功能部件布置示意图

④ YJ27 型接装机的工艺流程（如图 2-7 所示）。烟支、滤嘴段、水松纸是组成滤嘴卷烟的三大物料，这 3 种物料分别按不同的路线供给会合后沿一条路线制成滤嘴卷烟。根据滤嘴卷烟制作过程的特点，可将 YJ27 型接装机的工艺流程分为烟支供给、滤嘴段供给、水松纸供给和滤嘴卷烟成形等 4 个阶段。

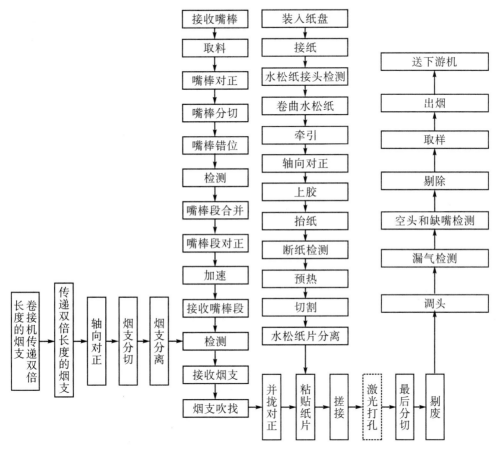

图2-7 YJ27 型接装机的工艺流程（虚线框为非必要工序）

2.2.4　ZJ118 型卷接机

ZJ118 型卷接机是湖南常德烟草机械有限责任公司以 ZJ112 型卷接机为技术平台，自主研发的新一代国产高速卷接机，其额定生产速度为 8 000 支 /min。ZJ118 型卷接机整组外观如图 2-8 所示。

图2-8　ZJ118型卷接机整组外观正视图

（1）ZJ118 型卷接机的主要技术参数。ZJ118 型卷接机的额定生产参数：烟支 8 000 支 /min，烟条 ≤ 560 m/min，有效运行率 ≥ 85%，总剔废率 ≤ 1.5%，卷烟长度为 65 ～ 120 mm，烟支直径为 7 ～ 9 mm。

（2）ZJ118 型卷接机的组成。ZJ118 型卷接机由 YJ118 型卷接机和 YJ218 型滤嘴接装机组成。其中，YJ118 型卷接机分成供料成条机和卷制成型机两大部分。

（3）ZJ118 型卷接机的工艺流程。

① YJ118 型卷接机供料成条机（VE）的工艺流程如图 2-9 所示。

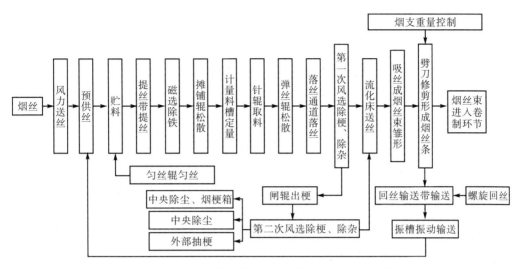

图2-9 YJ118型卷接机供料成条机的工艺流程

② YJ118 型卷接机卷制成型机（SE）的工艺流程如图 2-10 所示。

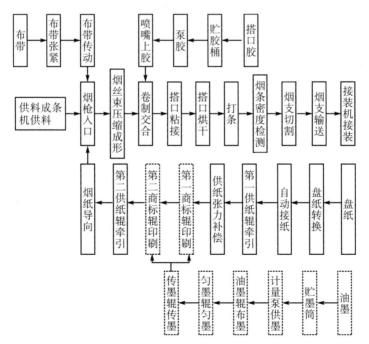

图2-10 YJ118型卷接机卷制成型机的工艺流程（虚线框为非必要工序）

③ YJ218 型滤嘴接装机的工艺流程如图 2-11 所示。

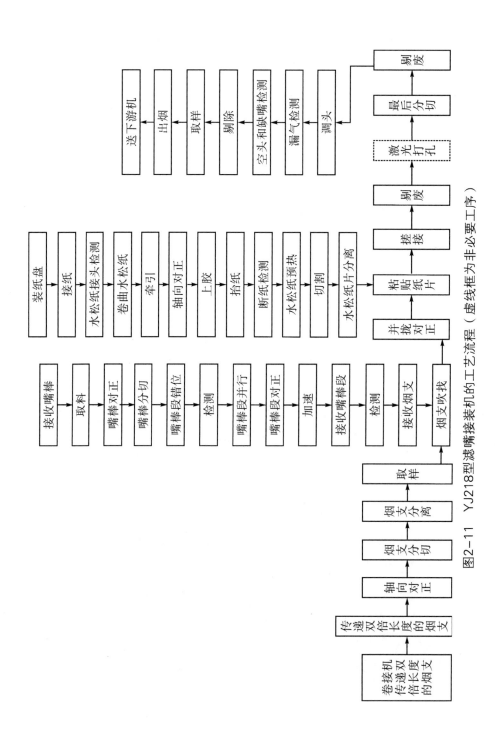

图2-11 YJ218型滤嘴接装机的工艺流程（虚线框为非必要工序）

（4）ZJ118 型卷接机的主要技术特点。

① YJ118 型卷接机供料成条机采用柔和供丝的流化床供丝系统。

② YJ118 型卷接机供料成条机带有端部压实功能的劈刀装置（如图 2-12 所示），可提高重量控制系统的精度。

图2-12 YJ118型卷接机供料成条机的劈刀装置

③ YJ118 型卷接机供料成条机采用两级梗丝风选分离系统。

④ YJ118 型卷接机供料成条机采用操作方便的盘纸更换装置，如图 2-13 所示。

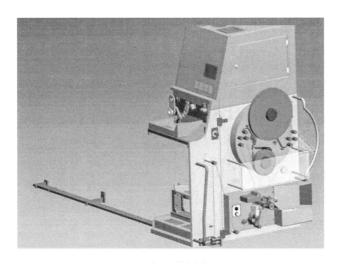

图2-13 YJ118型卷接机供料成条机盘纸更换装置

⑤ YJ218 型滤嘴接装机的废烟支自动回收装置如图 2-14 所示。

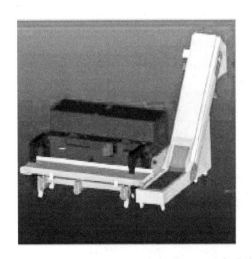

图2-14　YJ218型滤嘴接装机废烟支自动回收装置

⑥ ZJ118 型卷接机的人机交互系统如图 2-15 所示。

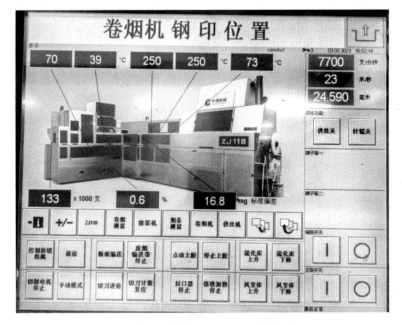

图2-15　ZJ118型卷接机的人机交互系统界面

2.2.5 ZJ116A 型卷接机

ZJ116 型卷接机是中国烟草总公司根据市场需求和当前卷接机技术发展趋势，从德国虹霓公司引进 PROTOS2-2 技术，由中国烟草机械集团有限责任公司下属中烟机械技术中心有限责任公司组织转化设计，湖南常德烟草机械有限责任公司定点试制生产。ZJ116A 型卷接机在 ZJ116 型卷接机的基础上进行 IPC 升级改造而成。在机械方面，ZJ116A 型卷接机传承成熟的双轨技术，不改变工艺流程和主要原理，以提升稳定性和拓展功能设计为主；在电气方面，ZJ116A 型卷接机采用先进的嵌入式 IPC 控制技术、独立伺服驱动技术，并配备自主研发的全质量检测系统。ZJ116A 型卷接机整组外观如图 2-16 所示。

图2-16　ZJ116A型卷接机整组外观正视图

（1）ZJ116A 型卷接机的主要技术参数。ZJ116A 型卷接机的额定生产速度为 14 000 支 /min（双烟道）；有效运行率≥ 85%；噪声≤ 85 dB；卷烟直径为 5.4 ～ 8.4 mm；卷烟长度为 65 ～ 100 mm；卷烟纸宽度为 24.0 ～ 28.5 mm，卷烟纸盘卷芯内径为 115 ～ 120 mm，卷烟纸最大盘卷纸外径为 600 mm；滤嘴长度四分切为 15 ～ 33 mm，六分切为 13 ～ 25 mm；接装纸宽度为 38 ～ 74 mm，接装纸盘卷芯内径为 63.0 ～ 76.5 mm，接装纸最大盘卷外径为 450 mm。

（2）ZJ116A 型卷接机的组成和工艺流程。ZJ116A 型卷接机由供料成条机、烟条成型机、滤棒接装机三大组件构成。

①供料成条机（VE）的工艺流程如图 2-17 所示。

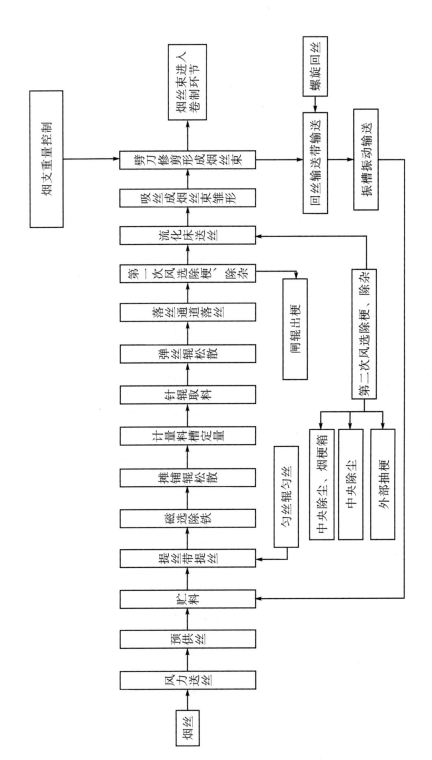

图2-17 供料成条机的工艺流程

②烟条成型机（SE）的工艺流程如图 2-18 所示。

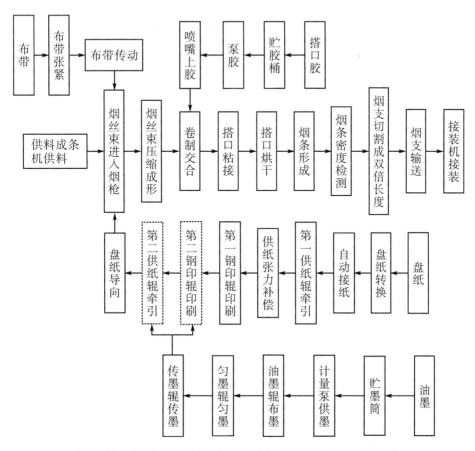

图2-18　烟条成型机的工艺流程（虚线框为非必要工序）

③滤棒接装机的工艺流程如图 2-19 所示。

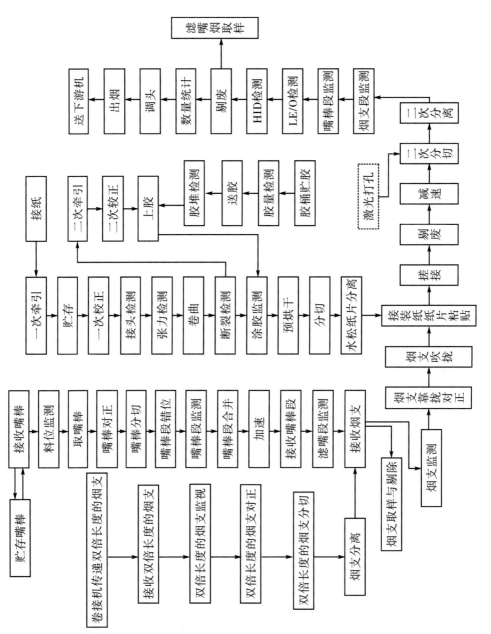

图2-19 滤棒接装机的工艺流程（虚线框为非必要工序）

④供料成条机（VE）的特点。

a.平直的双吸丝成形通道（如图2-20所示）。将折线型烟丝束运行轨迹进行创新性拉直设计，使前后道吸丝带处于同一水平面上，减小了烟丝束在吸丝通道内的运行阻力，提高了烟丝束成条的质量，降低了空头率。

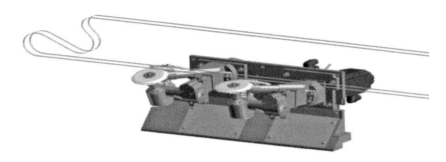

图2-20　供料成条机平直的双吸丝成形通道

b.独立驱动的新型斜劈刀装置（如图2-21所示）。设计新型斜劈刀机构，分别由单独伺服电机驱动，在提高重量控制精度的同时，紧头位置的调整校准变得十分快捷、方便。

图2-21　供料成条机新型斜劈刀装置

c.方便维修和保养的推拉式预供丝体（如图2-22所示）。将预供丝体安装在两根重型直线滑轨上，便于预供丝体轻松地推进和拉出。预供丝体的打开方式由转角式变为推拉式，增大了操作空间，方便维护和检修；取消了液压装置，避免液压油泄漏的风险。

图2-22 供料成条机推拉式预供丝体

⑤烟条成型机（SE）的特点。废烟条切断装置将启动或停止时产生的废烟条自动切断（如图2-23所示），废烟条被输送至废烟箱中，降低了操作人员的劳动强度。

图2-23 烟条成型机废烟条自动切断

⑥滤棒接装机的特点。

a.剔除精准的内置高速阀结构（如图2-24所示）。将高速阀放置在配气座内，可缩短气道的距离，减少空气可压缩性产生的影响，更加精准地实现取样和剔废。

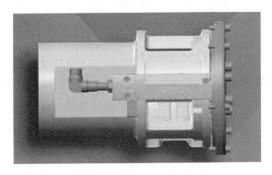

图2-24 滤棒接装机内置高速阀结构

b.清理彻底的搓烟轮自动清洁装置（如图2-25所示）。搓烟轮自动清洁装置可自动清除轮体表面的胶垢和纸片，减少了搓板堵塞的概率，提高了机组运行的稳定性。

图2-25 滤棒接装机搓烟轮自动清洁装置

c.刃口可转位使用的切纸轮（如图2-26所示）。新设计转位式刃口切纸轮，刃口可转位换边重复使用，提高了切纸轮的使用寿命，降低了使用成本，并通过吸风通道的优化设计，使清理、保养变得更加便捷。

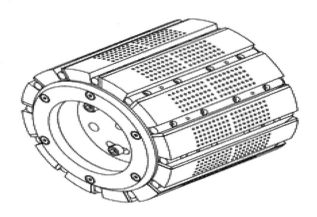

图2-26 滤棒接装机切纸轮

2.2.6 本工序主要在线检测仪器及验证方法

卷接机主要在线检测仪器包括烟支重量控制系统、烟支圆周控制系统、卷烟纸接头检测器、卷烟纸断纸检测器、接装纸接头检测器、烟支漏气检测器、烟支空头检测器、烟支缺嘴检测器和烟支外观检测器等。

（1）烟支重量控制系统。烟支重量控制系统主要有短期标准偏差、长期标准偏差和压实端位置 3 个指标。短期标准偏差可以评估机器关于产品重量调节的短期性能。短期标准偏差越小，重量分散性越小，烟支质量就越好。

① ZJ17 型卷接机的点检方法。

a. 点击人机界面：主界面—重量。

b. 分别记录短期标准偏差、长期标准偏差、压实端位置的数值。

② ZJ118 型卷接机、ZJ17C 型卷接机的点检方法。

a. 点击人机界面：主界面—质量—SRM—标准偏差，SRM—烟丝分布。

b. 分别记录短期标准偏差、长期标准偏差、压实端位置的数值。

③指标要求。

a. 常规卷烟烟支短期标准偏差 ≤ 20 mg，长期标准偏差 ≤ 5 mg，压实端位置偏差为 –3 ～ 3 mm。

b. 中支卷烟烟支短期标准偏差 ≤ 18 mg，长期标准偏差 ≤ 5 mg，压实端位置偏差为 –3 ～ 3 mm。

④仪器失效时的应急措施。

a. 停机维修。

b. 用综合测试台检查已生产的烟支重量是否稳定。

（2）烟支圆周控制系统。烟支圆周控制系统主要控制烟条圆周。

①点检方法。取内外烟枪的烟支各 20 支，对比和记录综合测试台与在线圆周检测的结果，每个烟枪进行两次检查。

②指标要求。

a. 综合测试台检测值与机台检测值的差值 ≤ 0.1 mm。

b. 内外烟枪综合测试台检测烟支圆周 SD 值 ≤ 0.04 mm。

③仪器失效时的应急措施。

a.停机维修。

b.用综合测试台检查已生产的烟支圆周是否稳定。

（3）卷烟纸接头检测器。

①检测原理。该检测器为光电传感器，通过检测卷烟纸的光穿透量来判断卷烟纸接头，并在 Y4 一切二处剔除烟支（烟支长度改变时需要修改移位脉冲参数，并确保拼接段的剔除）。

②点检方法。当一个卷烟纸即将用完时，观察到在接纸时检测开关的红色灯亮一下，说明 Y4 阀有烟支剔除，并且在剔除的烟支中找到接头烟支。如果以上情况都符合，说明检测器有效，反之无效。

③仪器失效时的应急措施。

a.停机维修。

b.如需开机维修，则需人工拼接、剔除。电工观察后寻找问题的原因。

（4）卷烟纸断纸检测器。

①检测原理。该检测开关为光电检测，当有卷烟纸时，盘纸遮挡开关光线，开关输出信号为有盘纸；当卷烟纸断纸后，没有盘纸遮挡光线，开关无信号输出，即为断纸。

②点检方法。在停机状态下，没有卷烟纸，开关没有信号输出；将盘纸放在运行位置上遮挡检测开关的光线，此时开关有信号输出。如果符合上述条件，说明开关有效，反之无效。

③仪器失效时的应急措施。

a.停机维修。

b.确认是设备原因且断纸频次不高，可开机维修。人工观察质量，电工寻找原因。

（5）接装纸接头检测器。

①检测原理。该检测开关为光电检测，当有接装纸遮挡开关光线时，开关输出信号为有接装纸；当接装纸断开后，没有接装纸遮挡开关光线，开关无信号输出，即为断纸。

②点检方法。当一个接装纸即将用完时，观察到在接纸时检测开关的红色灯亮一下，说明 Y4 阀有烟支剔除，并且在剔除的烟支中找到接头烟支。如果以上

情况都符合，说明检测器有效，反之无效。

③仪器失效时的应急措施。

a. 停机维修。

b. 如需开机维修，则人工拼接、剔除。电工观察情况，并寻找原因。

（6）烟支漏气检测器。

①检测原理。压缩空气从点烟端（内侧）通过烟支到达滤嘴端（外侧），通过滤嘴端的压力传感器检测压力差来判断烟支是否漏气。

②点检方法。在设备正常开机运行一段时间后，查看废品报告中是否有漏气烟支的记录。

③仪器失效时的应急措施。

a. 停机维修。

b. 检查已生产的产品是否存在缺陷。

（7）烟支空头检测器。

①检测原理。利用光电式检测对烟丝端进行扫描和检测，通过烟丝端烟丝密度差异反射的光量大小来判断烟支是否空头。

②点检方法。在设备正常开机运行下，检测空头剔除的烟支是否为空头，并检查输出烟支中是否有空头烟支。如果输出烟支中有空头烟支，则需要电工调整空头剔除门坎值，然后继续观察和检测，直到剔除空头烟支后输出的烟支符合工艺要求。

③仪器失效时的应急措施。

a. 停机维修。

b. 检查已生产的产品是否存在缺陷。

（8）烟支缺嘴检测器。

①检测原理。该检测器为光电传感器（红色可见光），通过滤嘴面的反光来检测烟支是否有滤嘴。

②点检方法。在设备正常开机运行一段时间后，查看废品报告中是否有缺嘴烟支的记录。

③仪器失效时的应急措施。

a. 停机维修。

b. 检查已生产的产品是否存在缺陷。

（9）烟支外观检测器。

①检测原理。烟支在鼓轮运转时，从检测轮传递到剔除轮，烟支表面进行了180°的旋转，通过对检测轮和剔除轮上的烟支进行图像捕获，可获取烟支外表面的图像。通过对图像进行处理，可检测到缺陷烟支。

②点检方法。在机组以正常生产速度运行时，打开烟支质量视觉检测系统的相关检测选项，包括烟杆缺陷、水松纸长短等；开启缺陷烟支剔除、图像保存功能，检查设定的工艺参数是否正确；工艺参数设定正确后开启缺陷取样，设定需要取样的缺陷数量（取样100支），当取样数量达到设定数量时自动停止。此时通过取样盒实际缺陷烟支与取样保存的缺陷图片进行对比，计算并确定准确率。准确率 =（实际剔除缺陷图像数量 / 总剔除缺陷图像数量）× 100%。

③仪器失效时的应急措施。

a. 停机维修。

b. 如需开机维修，则开机后人工观察质量，电工寻找原因。

c. 检查已生产的产品是否存在缺陷。

2.3　卷接材料

本工序主要包括滤棒、卷烟纸、接装纸和烟用胶黏剂等材料，其中卷烟纸是专卖品烟用材料。油墨为非必要材料，本书不作介绍。

2.3.1　滤棒

滤棒的相关内容详见"5　成型工序"。

2.3.2　卷烟纸

卷烟纸，俗称"盘纸"，是将烟丝按一定规格包裹起来的专用纸。

（1）卷烟纸的类型。

①卷烟纸按产品质量分为 A、B、C 三个等级。

②卷烟纸按图纹形式分为横纹、竖纹、无纹、图纹（压纹）和其他。卷烟纸竖纹与图纹的结合如图 2-27 所示。

图2-27　卷烟纸竖纹与图纹的结合

③卷烟纸按纤维原料组成分为木浆（W）、麻浆（F）、混合浆（M）三种。

（2）卷烟纸产品品名。

卷烟纸产品品名包括定量、等级、透气度、纤维原料组成和图纹形式等信息。卷烟纸产品品名应与合格证和内商标的标示一致。例如，"26.5 A 50 W 卷烟纸（竖）"的释义见表 2-2。

表 2-2　卷烟纸产品品名释义

产品品名	释义
26.5	定量
A	等级
50	透气度
W	纤维原料组成
卷烟纸	产品名称
竖	图纹形式

（3）卷烟纸的性能指标及要求见表 2-3。

表 2-3 卷烟纸的性能指标及要求

序号	指标名称	单位	指标要求		
			A	B	C
1	定量	g/m²	设计值 ±1.0		
2	透气度	CU	设计值（＞45）±6.0，设计值（≤45）±5.0		
3	透气度变异系数		≤8%		≤12%
4	纵向抗张能量吸收	J/m²	≥5.00		
5	D65 亮度		≥87.0%（仅适用于白色卷烟纸）		
6	不透明度		≥73%		
7	灰分		≥13.0%		
8	交货水分		4.5%±1.5%		
9	宽度	mm	设计值 ±0.2		
10	长度	m	≥设计值		
11	阴燃速率	s/150 mm	设计值 ±15		
12	尘埃度	个/m²	0.3～1.5 mm² ≤12		
	尘埃度（黑色尘埃）	个/m²	1.0～1.5 mm² ≤0		
	尘埃度（尘埃斑点）	个/m²	＞1.5 mm² ≤0		
13	麻浆含量		设计值（%）± 允差（%）		
14	木浆含量		设计值（%）± 允差（%）		
15	助燃剂含量		以柠檬酸根计（%）		
16	外观		纸张：①卷烟纸的图纹应符合设计要求，同一批卷烟纸的颜色不应有明显差异；②卷烟纸不应有漏底、折子、裂口、皱纹、污点、浆块、硬质块、孔眼及其他影响使用的缺陷		
			卷盘：①卷盘应紧密，盘面平整、洁净，不应有机械损伤；②卷烟纸的卷芯应使用塑料卷芯，卷盘应牢固，不易变形；③卷芯的宽度应与卷烟纸的宽度相符，卷芯的内径应为（120±0.5）mm		
			接头：A、B 级每盘应小于或等于一个接头，C 级每盘应小于或等于两个接头；接头应牢固，粘接处不应透层，接头质量不应影响卷烟卷制质量		
			自动拼接头：采用自动拼接卷烟纸产品应使用专门的分层胶条封盘，拼接头处的拖尾长度应为 25～35 mm，接头位置应牢固，粘接处不应透层，接头质量不应影响卷烟纸的使用（注：仅适用于配备有卷烟纸自动上盘设备的卷烟纸产品）		

（4）卷烟纸上机适用性要求。

①卷烟纸应适合公司卷烟产品及设备额定生产条件的正常范围。

②卷烟纸上机后运行状态平稳，不应有明显的跳动、摆动、断纸、严重掉粉等现象。

③卷烟纸的接头应黏结牢固，连接处不应透层，接头质量不应影响卷烟卷制；接纸时不应出现断纸，接头便于设备检测和剔除。

④卷烟纸的卷芯应牢固，不易变形、脱落。

⑤卷烟纸燃烧时应具有良好的包灰效果。

（5）卷烟纸的包装标志。

①卷芯内壁应贴上标签，标签的内容包括生产企业名称，品名，卷盘长度、宽度，标称透气度，型号，生产日期，生产班组、分切、包装、检查工等代号，如图 2-28 所示。

图2-28 卷烟纸卷芯内壁标识

②标签应以印刷或打印的方式制作，品名、规格不得手工涂改。

③托盘或箱体上应有产品品名、执行标准编号、生产企业名称、地址、产品合格证（可以放置在托盘或箱内）等。

（6）卷烟纸的贮存。

①卷烟纸应妥善保管，贮存在清洁、干燥、通风、防火的仓库内。产品堆放距地面应大于或等于 100 mm，距库房墙面应大于或等于 50 mm，以防受雨雪和地面潮气的影响。

②卷烟纸不应与有毒、有异味、易燃等物品贮存在一处。

③卷烟纸的贮存期自生产之日起不应超过 24 个月。

2.3.3 接装纸

接装纸，俗称"水松纸"，是将滤嘴与卷烟烟支接装起来的专用纸。

（1）接装纸的类型。

①接装纸按印刷方式分为印刷类、烫印类和转移类。印刷类接装纸采用单一印刷工艺，无烫金，如图2-29所示。烫印类接装纸采用印刷工艺进行面色组合，在局部位置烫印电化铝，如图2-30所示。转移类接装纸使用特殊原纸进行印刷，生产工艺与烫印类接装纸相同，如图2-31所示。

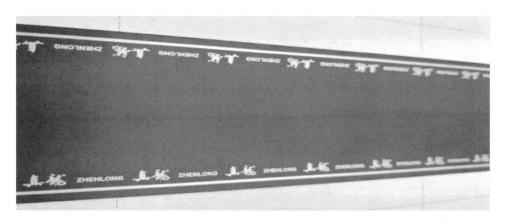

图2-29 印刷类接装纸——真龙（娇子）接装纸

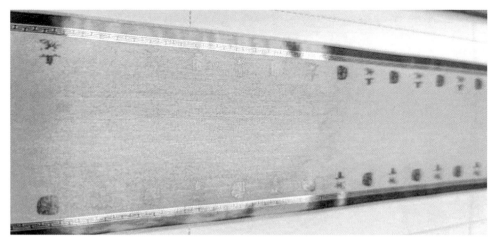

图2-30 烫印类接装纸——真龙（中支凌云）接装纸

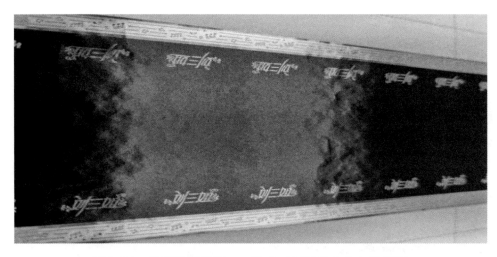

图2-31 转移类接装纸——真龙（刘三姐中支）接装纸

②接装纸按纸张表面的完整性分为非打孔接装纸和打孔接装纸。

③特殊接装纸，如甜味涂布接装纸。

（2）接装纸物理和外观的主要指标见表2-4。

表2-4 接装纸物理和外观的主要指标

项目	指标
宽度 /mm	见标准样张
截距 /mm	见标准样张
透气度 /CU	见标准样张（仅适用预打孔接装纸）
透气度变异系数	≤ 6.0%（仅适用预打孔接装纸）
孔排数 / 排	见标准样张（仅适用预打孔接装纸）
孔带（孔线）宽度 /mm	见标准样张（仅适用预打孔接装纸）
孔带（孔线）距边宽度 /mm	见标准样张（仅适用预打孔接装纸）

续表

项目		指标
外观	色差	ΔE≤2.0（或按标准样张）
	印刷	图案、文字准确，无漏印、错印等印刷缺陷
		接装纸印刷图案应左右居中，印刷偏差允差范围为±0.25 mm，印刷图案按照标准样张
		外观整洁，色泽一致；图案、花纹、线条、字迹清晰，无重影；无划痕、皱纹、砂眼、孔洞、裂口、硬质块等影响使用的外观缺陷
	墨色牢度	墨色牢固，无爆墨，不掉粉，不脱色
	接装纸纸芯	纸盘端面平齐、洁净，收卷紧密，纸芯内径为（66±0.7）mm，芯壁厚度为（6±0.3）mm，纸芯宽度不得大于纸宽或凸出卷盘端面
	接装纸粘连	接装纸印刷面对印刷面不得发生粘连现象（如上机卷制后出现由接装纸造成的烟支粘连，则认定为接装纸粘连）
	纸张	厚薄均匀，质地柔软
纵向抗张强度／（kN·m⁻¹）		≥1.5
定量／（g·m⁻²）		见标准样张
纵向伸长率		≥1.0%
水分		5.5%±1.5%
接头		每卷盘接装纸的接头应小于或等于2个；接头采用黑色的（15±1）mm宽幅双面胶平行卷盘轴向粘贴，双面胶的长度不应超出接装纸的轴向宽度，且不应小于接装纸轴向宽度4 mm；接头尾巴上拖与下拖规定各拖2～5 mm；图文方向正确，接头平直、整齐，不应有上下层粘连和错位的现象；如有接头，接头个数应记录在卷盘搭扣处的外标签上
长度（参考控制）/m		每卷2 500±10

注：标准样张应避光保存。

（3）接装纸上机适应性要求。

①接装纸上机后运行状态应平稳，不应有明显的跳动、摆动、打滑、断纸、刮痕（花）、脱色、掉粉等现象，接装纸印刷面对印刷面不应发生粘连现象。

②接装纸的接头应粘连牢固，便于设备检测和剔除。

③接装纸的卷芯应牢固，不易变形，不应脱落。

④卷盘接装纸的接头应小于或等于2个；接头采用黑色的（15±1）mm宽幅双面胶平行卷盘轴向粘贴，双面胶的长度不应超过接装纸的轴向宽度，且不应小于接装纸轴向宽度4mm；接头尾巴上拖与下拖规定各拖2～5mm；图文方向正确，接头平直、整齐，不应有上下层粘连和错位的现象；如有接头，接头个数应记录在卷盘搭口处的外标签上。

（4）接装纸的包装标志。

①接装纸的包装按《纸张的包装和标志》（GB/T 10342）第4章的规定执行，同时应按类型、规格装托盘或装箱，不应混装、错装、少装；托盘或箱的包装材料应具有防尘、防潮、防污染的功能；托盘或箱应包装完整，封口牢固。

②托盘或箱体上应有产品名称、数量（包括卷盘数、公斤数等）、执行标准编号、生产企业名称、地址、生产日期、生产批号、产品合格证（可放置在托盘或箱内）、储运安全标志等。

③每盘卷盘搭口处和纸芯内壁的标签内容应包括品名、编码、净重、规格（宽度、定量）、生产批、质检号、生产日期、二维码等，如图2-32、图2-33所示。如该盘接装纸有接头，则应再增加一个标签，标签上标明接头数。

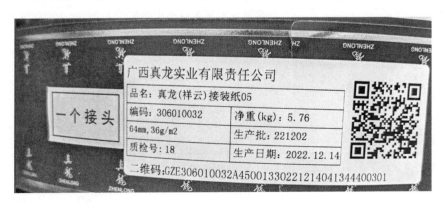

图2-32 接装纸卷盘搭口处标签

图2-33　接装纸纸芯内壁标签

④标签必须以印刷或打印的方式制作，品名、规格不得手工涂改。

⑤标签粘贴在卷芯内壁，应粘贴牢固，不易脱落。

（5）接装纸的贮存。

①烟用接装纸应贮存在清洁、干燥、通风、防火的仓库内，产品堆放距地面大于或等于100 mm，距库房墙面大于或等于200 mm；产品应避免阳光直射，防止受雨雪、地面潮气影响；在春、夏季等潮湿天气时，应加强仓库除湿，保持地面、墙面、托板干燥、洁净，避免接装纸及其包装受潮、霉变、虫蛀等。

②接装纸不应与有毒、有异味、易燃等物品贮存在一处。

③接装纸的贮存期限自生产之日起不应超过12个月。

2.3.4　烟用胶黏剂

卷接工序使用的烟用胶黏剂为烟用水基胶。烟用水基胶是以水为分散介质的水溶性或水乳液型胶黏剂，主要成分为聚乙酸乙烯酯，用于卷烟接嘴、卷烟搭口。

（1）烟用水基胶的类型。

①参与燃烧胶黏剂且不与口接触的胶黏剂是卷烟纸搭口使用的胶黏剂，如D1033搭口胶、733-1564搭口胶、TOBACOLL 3881A搭口胶。

②非参与燃烧胶黏剂且与口接触部分的胶黏剂是卷烟接嘴、搭口使用的胶黏

剂，如 TOBACOLL A7656 水基胶、J1028 接嘴胶、T5235 接嘴胶。

（2）烟用水基胶的技术要求。

①烟用水基胶的外观应呈白色均匀乳液状，不应变色，不应有可视异物，不应分层。

②烟用水基胶的气味呈微酸性，不得有与卷烟不协调的异味。

（3）烟用水基胶的适用性要求。

①烟用水基胶在使用前应充分平衡。

②烟用水基胶不应出现结胶或黏性下降等影响产品质量的问题。

③烟用水基胶不应出现喷嘴堵塞不出胶或粘连不牢固等影响设备运行效率的问题。

（4）烟用水基胶的包装标识。烟用水基胶应在每个包装容器的明显部位上标明产品名称、商标、牌号、批号、规格、净重、生产日期、保质期、生产厂名、厂址、联系电话等信息。烟用水基胶桶外标识示例如图 2-34、图 2-35 所示。

图2-34 烟用水基胶桶外标识（D1033搭口胶）

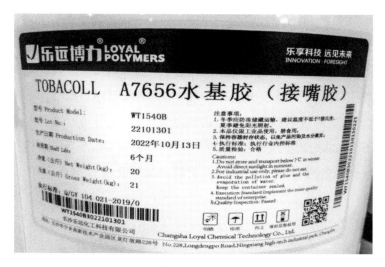

图2-35 烟用水基胶桶外标识［TOBACOLL A7656水基胶（接嘴胶）］

（5）烟用水基胶的贮存。烟用水基胶应存放在温度为5～37℃范围内阴凉、通风、干燥的场所，不应与有毒或有异味的物品同时贮存，产品保质期为自生产之日起6个月。

2.4 卷接机生产过程重点监控

2.4.1 开始生产的准备工作

（1）正常复工。

①对卷接机进行清洁、保养。

②核实牌号标识牌和产品工艺卡，发现不符合时应及时更换。

③材料到位后，应根据产品工艺执行单核对材料，检查钢印、钢号、油墨是否正确，检查卷接机参数设置是否正确，及时通知送丝操作工发送烟丝。

④烟支卷制后，机台人员进行首次检查并填写记录，符合产品标准要求后再进入正常生产。

（2）生产过程中的换牌生产。

①接到换牌通知后，应确认烟丝是否开完。烟丝开完后，应根据实际情况关闭嘴棒接收机，清空嘴棒发射管内的嘴棒，然后按"卷接工序换牌控制表"（见表2-5）清空卷接机，并对卷接机进行保养，清点现场材料，填写"卷包散盘回库单"（见表2-6），待余料回库后，再通知物流人员更改作业计划，并按新生产牌号请料。特别注意的是在执行请料操作之前，应先刷新信息系统，检查作业计划是否正确，确认作业计划正确后方可请料；如果作业计划不正确，应修改正确后再请料。

表 2-5 卷接工序换牌控制表

班别： 班次： 换牌机台： 换牌牌号： 日期： 月 日

	序号	清点位置	清点物品	是否清空
设备清点	1	卷接机（VE、SE）	盘纸、烟丝	
	2	卷接机（MAX）	水松纸、滤棒、嘴头等	
	3	储烟支设备	成品烟支	
	4	烟支输送通道	成品烟支	
	5	工具箱	余料	
	6	废支桶	废支、次品	
	7	废料桶	废支、次品	
	8	材料托盘	材料	
	备注			
	序号	换牌产品信息	工艺标准检查（请在相应括号内打"√"）	确认人
新牌号质量确认	1	物料的检查与核对	烟用滤棒（ ），水松纸（ ），盘纸（ ），油墨（ ），接装胶（ ），搭口胶（ ），钢印（ ）	
	2	滤棒	滤棒内胶线：有（ ），无（ ）	
			滤棒爆口：有（ ），无（ ）	
	3	烟支钢印号	钢印类型：	
			钢印位置：	
			是否清晰：是（ ），否（ ）	
	4	烟支油墨		

续表

新牌号质量确认	5	烟支长度（滤棒端＋短烟支）		
	6	烟支圆周		
	7	烟支目标重量 /mg		
	8	20 支烟支的重量 /g		
	9	烟支打孔	打孔类型：预打孔（ ），在线打孔（ ）	
			孔数：（ ）孔，单排（ ），双排（ ）	
			打孔位置：	
	10	每分钟剔梗量 /g		
	11	产品质量确认		
	备注			
班组验收	班组管理人员验收			
	序号	验收内容	换牌情况确认	验收人
	1	设备清点检查及卷接工序产品质量确认		

表 2-6 卷包散盘回库单

卷烟牌名		数量		备注
材料名称	单位	请求退料	实际退料	

回库机台号：　　班　　　#	回库时间：　　年　　月　　日	
签名：	材料员	
接收机台号：　　班　　　#	接收时间：　　年　　月　　日	
签名：	材料员	

②清洁现场，并将前一个牌号废支及废料、标识牌、产品工艺执行单、钢印、钢号及非换牌号所用物资应及时回收。

③按照"卷接工序换牌控制表"对卷接机进行清空，清洁工作检查合格后，再下发下一个牌号标识牌和产品工艺卡、钢印、钢号等换牌生产的必要物资；根据换牌进度及时通知并发送下一个牌号烟丝。在下一个牌号烟丝正式生产前，应重新学习拟生产牌号的工艺标准、材料使用及生产注意事项。

④材料到位后，应根据产品工艺执行单核对材料，如有钢印、钢号、油墨更换，还应检查是否正确。机台人员根据生产牌号的工艺要求，调整卷接机、信息系统的相关参数。跟班工艺人员或管理人员在生产前须对机台进行参数检查。

⑤新牌号烟支卷制后，机台人员进行首次检查并填写"卷接工序换牌控制表"，待跟班工艺人员或管理人员对机台执行情况和产品标准的符合性进行确认后才能进入正常生产。

（3）正常复工的换牌生产。

①根据"卷接工序换牌控制表"对卷接机进行清洁、保养。在执行请料操作之前，先刷新信息系统，检查作业计划是否正确，确认作业计划正确后方可请料；如果作业计划不正确，应修改正确后再进行请料。

②机台清空及清洁工作检查合格后，下发下一个牌号标识牌和产品工艺卡，并对该牌号工艺标准、材料使用及生产注意事项进行培训，如需更换钢印、油墨，应提前发放钢印、油墨，并回收不用的钢印、油墨；及时通知发送下一个牌号的烟丝。

③材料到位后，根据产品工艺执行单核对材料，如有钢印、油墨更换，则应检查钢印、油墨是否正确。根据下一个牌号的工艺要求，调整信息系统工艺参数。

④新牌号烟支卷制后，机台人员进行首次检查并填写"卷接工序换牌控制表"，待跟班工艺人员或管理人员对机台执行情况和产品标准的符合性进行确认后才能进入正常生产。

（4）非正常复工。

①设备维修。

a. 对卷接机进行清空，清洁工作检查合格后，再下发生产牌号标识牌和产品工艺卡、钢印、钢号等生产的必要物资。

b. 操作人员应了解维修设备与相同设备的差异点，学习拟生产牌号的工艺标准、材料使用及生产注意事项。

c. 核实牌号标识牌和产品工艺卡，发现不符合时应及时更换。

d. 材料到位后，应根据产品工艺执行单核对材料，检查钢印、钢号、油墨是否正确，检查卷接机参数设置是否正确；跟班工艺人员或管理人员在生产前须对机台进行参数检查。

e. 及时通知送丝操作人员发送烟丝。烟支卷制后，机台人员进行首次检查并填写记录，符合产品标准要求后才能进入正常生产。

②长时间停机（超过 15 天）。

a. 对卷接机进行清洁、保养。

b. 操作人员应重新学习拟生产牌号的工艺标准、材料使用及生产注意事项。

c. 核实牌号标识牌和产品工艺卡，发现不符合时应及时更换。在执行请料操作之前，先刷新信息系统，检查作业计划是否正确，作业计划正确方可请料；如果作业计划不正确，应修改正确后再进行请料。

d. 材料到位后，应根据产品工艺执行单核对材料，检查钢印、钢号、油墨是否正确，检查卷接机参数设置是否正确；跟班工艺人员或管理人员在生产前须对机台进行参数检查。

e. 及时通知送丝操作工发送烟丝。烟支卷制后，机台人员进行首次检查并填写记录，符合产品标准要求后才能进入正常生产。

2.4.2 卷接机工艺参数点检及要求

（1）在卷接机正常生产的前提下进行参数点检，并在生产过程稳定的条件下完成验证。

（2）在进行参数点检时，应确保系统的相关功能按表 2-7 进行设置。

表 2-7 SRM 系统状态设置参数配置表

序号	参数名称	设计值
1	废品功能	打开
2	重量控制	打开
3	目标重量	根据各牌号的标准设定
4	烟条长度	对应各牌号规格

（3）卷接工序的工艺参数点检项目及要求见表 2-8。

表 2-8 ZJ17 型、ZJ17C 型、ZJ118 型卷接机工艺参数点检项目及要求一览表

序号	项目	常规烟	中支烟	点检及记录要求	备注
1	重量控制系统	开启		开机前确认	
2	废品剔除功能				
3	目标重量	按当前生产牌号			
4	烟条长度	符合当前牌号规格			
5	短期偏差 /mg	≤ 22	≤ 20	下班前 1 h，查看平均值	
6	长期偏差 /mg	≤ 6			
7	压实端位置 /mm	-3.0 ～ +3.0		接班开机后	
8	平整盘位置 /v	-5.0 ～ +5.0			
9	压实量	7% ～ 11%			
10	平整盘启动位置 /v	平整盘位置平均值			
11	软点限度	30%±5%			
12	硬点限度				
13	轻烟端限度	25%±5%			
14	废品重量低限 /mg	≥ -85	≥ -70		
15	废品重量高限 /mg	≤ 85	≤ 70		
16	空头剔除灵敏度设定值	松头绝对门坎 ≥230%，松头门坎 ≥55%	松头绝对门坎 ≥150%，松头门坎 ≥50%		适用于 ZJ17/ZJ17C 机型
		废品极限 ≥55%	废品极限 ≥50%		适用于 ZJ118 机型

续表

序号	项目	常规烟	中支烟	点检及记录要求	备注
17	漏气剔除灵敏度设定值	漏气绝对门坎≥230%,漏气门坎≥50%	漏气绝对门坎≥150%,漏气门坎≥50%	接班开机后	适用于 ZJ17/ZJ17C 机型
		废品极限≥50%			适用于 ZJ118 机型
18	空头剔除率	< 0.5%		下班前 1 h 内	
19	漏气剔除率	< 0.1%			
20	无滤嘴剔除率	< 0.05%			
21	VE大风机负压(×-100Pa)	85 ~ 100			适用于 ZJ17 机型
22	VE 小风机正压(×100 Pa)	8 ~ 12			
23	流化床风室负压	- (70 ~ 90) ×100 Pa		随时关注,并保持数据基本不变,接班后检查	适用于 ZJ17C、ZJ118 机型
24	流化床风分正压	(40 ~ 55) ×100 Pa			
25	流化床输送正压	(30 ~ 55) ×100 Pa			
26	MAX 负压 /MPa	- (90 ~ 120) ×100 Pa			
27	MAX 切纸轮吸风负压 /MPa	-0.06 ~ -0.04			
28	漏气检测	正常生产时漏气检测呈连续的方波图形		接班后正常生产 1 h 内	
29	烟支搭口烙铁温度 /℃	200 ~ 250	180 ~ 220	接班开机后	
30	搓板加热温度 /℃	80 ~ 110			
31	水松纸加热温度 /℃	50 ~ 80		根据牌号要求来使用	
32	回丝量	回丝量为25% ~ 35%,正常生产时回丝输送通道上的烟丝基本覆盖输送皮带		接班后正常生产 1 h 内	

续表

序号	项目	常规烟	中支烟	点检及记录要求	备注
33	激光打孔开启	按照产品标准投入使用		生产时操作工按照产品标准进行设置和检查	
34	打孔排数	根据各牌号的标准来设定			
35	打孔数量				
36	直径（速度变异）系数	67%±2%	54%±2%		
37	打孔时间	根据各牌号的标准来设定和调整			
38	其他参数	激光打孔系统内部参数		维修工换牌时进行检查和调整	

（4）操作工每天应根据生产参数检测和记录频次对卷接设备进行点检，点检的工艺数据必须与事实相符。如工艺参数与工艺标准不符，应反馈至机械维修工和电工进行调整和修复；如未能修复，应及时反馈至现场管理人员，并在生产过程中关注未修复的点位，认真做好产品自检。

（5）现场管理人员应根据机台生产安排和点检分工每周对卷接设备至少进行一次点检，点检的工艺数据要求与事实相符。如工艺参数与工艺标准不符，应反馈至跟班维修工和电工进行调整及修复；如未能修复，应及时反馈至工艺管理人员，并在生产过程中关注未修复的点位，督促机台操作人员认真做好产品自检。

（6）工艺管理人员接到卷接工序参数异常的反馈信息后，应对参数异常情况进行验证，并反馈至设备和电气管理人员，设备和电气管理人员组织人员对异常情况进行处置。

（7）除日常每班点检外，出现以下情况时必须对卷接机台进行工艺点检：①更换卷烟产品生产牌号时；②卷烟产品生产牌号烟支规格调整时；③卷烟产品生产牌号烟支重量工艺指标调整时；④卷烟产品生产牌号烟支物理指标出现异常波动时。

（8）设备换牌后，操作工应在设备正常运行后1 h内进行点检，如发现问题，应及时反馈至机械维修工和电工进行处置。

（9）梗签剔除的点检应严格按照各牌号剔梗量的标准执行，每班至少检查一次，应在接班后正常生产 1 h 内完成并记录；班中换牌或 VE 维修后应再次开展检查，点检情况应如实记录。

（10）在线激光打孔系统的控制。

①卷接机的在线激光打孔系统根据生产牌号的工艺标准投入使用和设定相关参数，应确保系统的相关功能参数符合要求。

②卷接机操作工在每次生产前应按照现场工艺标准检查在线激光打孔系统的工艺参数是否符合要求，在自检过程中对打孔的符合性进行判定，并根据自检结果调整打孔时间参数，使烟支的物理指标满足设计要求，然后对自检结果进行记录。

③卷接机操作工每次换牌时应按照新牌号的工艺标准检查在线激光打孔系统的工艺参数是否符合要求，在首次检查时对打孔的符合性进行判定，并根据首次检查结果微调打孔时间参数，使烟支的物理指标满足设计要求，然后进行记录。

④在产品换牌或在线产品打孔出现异常时，卷接维修工应按照在产牌号的工艺标准检查在线激光打孔系统的工艺参数，根据产品检验的结果对内部参数进行检查或调整，确保产品质量符合工艺标准要求。

2.4.3　卷接机产品工艺及质量检验要求

（1）卷接机轮保后的检验要求。

①卷接机轮保后，连续接出 1 万支烟，对烟支的物理指标和外观质量进行检查。

②通过对 1 万支烟进行检查后，后续生产的烟支可进入储支圆筒。对储支圆筒的抽检方法如下：如果储支圆筒内的烟支不超过 7 层，则抽取倒数第三层的烟支以及最先和最后开出的烟支进行检查；如果储支圆筒内的烟支超过 7 层，则必须再抽取中间层的烟支进行检查，每个点位的抽样不少于 200 支。

③如遇特殊点位检修或零件更换，应根据具体情况制订检查方案，并按要求实施，做好产品质量的验证，确保产品质量的符合性。

④对轮保单上反馈问题的解决情况进行验证，验证结果应及时反馈，并进行

记录。

⑤烟支质量应按全检要求进行检查。如果出现物理指标（重量、圆周、吸阻、长度、通风率等）单项超标 4 支及以上者存在爆口、漏气、嘴棒长短不一、烟支长短不一等缺陷，则烟支直接报废处理。如各项指标均合格，则正常转序。

（2）卷接机维修后的检验要求。卷接机维修后，针对维修点位可能出现的质量问题进行检查。除在机台过道处检查外，还必须检查储支圆筒内维修后生产的烟支，至少检查 3 层烟支，合格后方可正常转序。如遇特殊维修或特殊缺陷，应根据具体情况制订检查方案，并组织实施，做好产品质量的验证，确保产品质量的符合性。

（3）餐间检验要求。

①餐前交接时，操作工应于就餐前 10 min 内在烟支过道处取 40 支以上烟支按全检要求进行检查，就餐后返回岗位 5 min 内在烟支过道处取 40 支以上烟支按全检要求进行检查。

②在顶岗期间，顶岗人员（卷包机员或维修工）除执行 5 min 和 10 min 的岗位检查外，在顶岗中期（约 20 min 时）应执行一次全检。

③餐后人员就位后按正常生产岗位抽检、全检执行。

（4）物理指标检验要求。卷接工序首次检查时可在卷接过道处取烟支进行物理指标的检测，后续检测时需从包装工序烟包取样进行上机检测。机台有在线综合测试台的每班从包装取样检测的次数不少于 4 次，无在线综合测试台的每班物理指标检测次数不少于 8 次。

（5）卷接机检验要求汇总见表 2-9。

表 2-9　卷接机检验要求汇总

序号	项目	取样时间	时间间隔	取样点	取样数量	自检项目内容	备注
1	班前检查	班前检查时	接班开机前	烟支过道	20 支	检查烟支外观、重量圆周	
				储支圆筒		检查表层烟支外观（任意两层）、重量（任意两层取 20 支烟）、圆周（量板测量）	
				标识		检查生产牌号、工艺卡标识，成品、半成品标识，待处理品标识，嘴棒标识	
				材料托盘（盘纸、水松纸）		检查材料的外观是否与生产牌号相符，是否与工艺卡一致；检查表面一层材料的内标、外标是否与工艺卡一致	
				嘴棒（嘴棒库内或嘴棒托盘）	4 支	检查嘴棒是否与生产牌号相符，检查外观，取 2 支嘴棒检查有无甘油、内胶线，取 2 支嘴棒检查有无爆口	
2	过程自检	首次检查时	开机后	烟支出口处	20 支	检查烟支外观、水松纸长短、烟支长短、烟支打孔、重量，剥开内外排烟支（2 支）的水松纸，检查短烟支长短、嘴棒长短、水松纸上胶位置，烟支与嘴棒之间是否有间隙	
				烟支过道	约 2 000 支	检查烟支外观、水松纸长短、烟支长短、烟支打孔、重量、圆周，检查爆口、漏气各 5 支，剥开内外排烟支（2 支）的水松纸，检查短烟支长短、嘴棒长短、水松纸上胶位置，烟支与嘴棒之间是否有间隙，并用综合测试台检测（开机 30 min 内完成）	

续表

序号	项目	取样时间	时间间隔	取样点	取样数量	自检项目内容	备注
2	过程自检	岗位检查时	5 min	烟支过道	4 支	检查烟支外观、打孔情况	在正常生产情况下，操作人员应在烟支过道随时监控烟支外观质量（含爆口、漏气）
			10 min	烟支过道	20 支	检查烟支外观、打孔情况、重量、圆周（用量板测量或目测 2 支以上烟支）	
		全检时	40 min	剔梗处		查看剔梗量是否正常，是否含有非烟杂物	
				MAX 嘴棒库及嘴棒托盘	各 4 支嘴棒	检查烟支外观、内胶线，以及有无甘油、爆口等	
				烟支过道		检查烟支外观、打孔情况、重量，以及有无空头、爆口（5 支）、漏气（5 支），用量板测量烟支圆周（不少于 3 支）、内外排烟支对比水松纸长短，然后剥开烟支（2 支）的水松纸，检查水松纸上胶位置、短烟支长短、嘴棒长短、烟支与嘴棒之间是否有间隙，并用综合检测仪器对物理指标进行检测（20 支）	
3	餐间检查	餐前检查时	餐前 10 min	机台现场	40支以上	全部检查（剔梗量不检查）	操作人员餐前 10 min 时 按照全检要求进行检查
		岗位检查时	5 min	烟支过道	4 支	检查烟支外观、打孔情况	顶岗人员应在烟支过道处随时监控烟支外观质量（含爆口、漏气）

续表

序号	项目	取样时间	时间间隔	取样点	取样数量	自检项目内容	备注
3	餐间检查	岗位检查时	运行20 min	机台过道	40支以上	全检（滤棒、剔梗量不检查）	
			10 min	烟支过道	20支	检查烟支外观、打孔情况、重量、圆周（用量板测量或目测2支以上）	
		餐后检查时	餐后5 min	机台过道	40支以上	按全检要求进行全检（滤棒、剔梗量不再检查）	操作人员在餐后到岗5 min后进行检查
4	班后检查	班后检查时	下班停机后	烟支过道	20支	检查烟支外观、打孔情况、重量、圆周（根据水松纸大号、盘纸搭口判断或用量板测量）	
				储支圆筒	取当班生产的20支烟	检查烟支外观、打孔情况，测量重量（20支）、长度、圆周（用量板测量）	
				标识		检查生产牌号标识，成品、半成品标识，待处理品标识，嘴棒标识（人工板嘴机台），工艺卡标识，等等	
	材料检查	更换水松纸时	更换水松纸后	烟支过道（储支圆筒）	约200支	更换水松纸后观察水松纸运行是否平稳，同时观察检测轮，查看水松纸线是否在一条直线上，再取样查看烟支外观、打孔情况、搓接状况，以及有无爆口（5支）、漏气（5支）、内外排水松纸长短、嘴棒长短、内外排烟支长短	更换水松纸后的必检项
				水松纸上胶位置		检查水松纸是否偏移，上胶是否良好	
		更换盘纸时	更换盘纸后	压板位置		观察纸口高低是否适合	更换盘纸后的必检项
				打条处		观察搭口处，判断圆周是否符合要求	
				烟支过道	约200支	查看上胶是否适合，目测圆周	

续表

序号	项目	取样时间	时间间隔	取样点	取样数量	自检项目内容	备注
4	材料检查	请料检查时	请料出库	材料托盘		检查材料外观与工艺卡是否相符，材料配盘记录表是否正确，然后签字确认	按材料接收标准进行操作
		添加材料检查时	使用材料时	该材料	每个材料	检查材料的外观、内标和外标是否与工艺卡相符	
5	其他检查	烟丝换批时	烟丝换批后	烟支过道	10支	使用综合测试台检测烟支的物理指标	
		换辊刀刷时	换辊刀刷时	烟支过道		在烟支过道处检查烟支水松纸搭口处是否有污点	添加凡士林时应按照凡士林的使用要求来操作
		更换易损件时	更换后	烟支过道	不定	针对更换点位可能引起的缺陷进行检查	
		设备异常时	设备异常时	设备异常点位		连续检查，重点关注异常点位	
		设备维修后	不定	设备维修的点位		根据维修点位可能引起的缺陷进行重点监控，连续检查	
		物理指标检测时	每小时至少检测一次	烟支过道	20支	检测烟支重量、圆周、吸阻、长度等	在综合测试台上进行检测，对检测数据单进行留样

2.4.4 生产结束的收班要求

（1）两班制中班收班要求。

①开空 VE 部分的烟丝；完成未检工作；对余料进行登记；完成交班记录；卷接到包装的过道可以留存烟支，储烟圆筒内的烟支在正常情况下应开空，如有异常，在班级管理员的许可下应尽量少留烟支。

②生产结束后关闭设备气源及卷接设备加热部分的电源，各工序的保养要求应按照两班制日常保养要求来执行。

③设备上的材料可以留存，卷包托盘材料需使用专用盖布来覆盖。

④对于使用烟支钢印的卷接机台，中班应及时停止供丝，保证卷接机台钢印系统有充足的保养时间。钢印系统的保养应按相关要求来执行。

（2）放假收班要求。

①对现场半成品、材料进行清理，对设备通道表面、生产现场进行清洁、保养。

②将废支及废料放入指定位置的容器内。

③生产结束后关闭设备气源、加热部分的电源。

④设备上的材料不可以留存，对卷包托盘材料进行退料，在特殊情况下应按相关要求进行处置。

2.4.5 卷接机的保养要求

（1）卷接机 10 min 保养要求见表 2-10。

表 2-10　卷接机 10 min 保养要求一览表

序号	项目	使用工具	要求及注意事项	保养效果
1	班前准备工作			
	准备保养工具，如干抹布、湿抹布、铲刀、钩刀、通条刷、M4 内六角扳手等			
2	清洁保养			
	风室体	钩刀、铲刀	使用压缩空气清洁风室体内部，并更换新的吸丝带	风室体内部无烟灰
	布带辊		使用铲刀清洁 4 个布带辊	布带辊表面无积垢
	布带盘		使用压缩空气清洁烟枪、布带盘内部，并更换新的布带	烟枪表面、布带盘的防护罩内部无烟沙、烟尘
	VE 接灰盘		清理 VE 主丝带前后的接灰盘	VE 接灰盘无烟沙
	胶枪及烙铁	抹布、钩刀	清洁胶枪喷嘴的胶垢及烙铁工作面的胶垢	胶枪喷嘴及烙铁工作面无胶垢
	烟条通道	通条刷	使用通条刷清洁烟条通道内残留的烟条	烟条通道无残留烟条
	"V" 形槽吸风管	压缩空气	使用压缩空气清洁两根 "V" 形槽吸风管	"V" 形槽吸风管未堵塞
	流化床气室（ZJ118 型 /ZJ17C 型卷接机）	吸风管	使用吸风管清理流化床气室内部的积尘	流化床气室内部无积尘
	切纸轮	抹布、钩刀	清洁各部件的积垢	各部件表面无积垢，鼓轮风孔无堵塞
	滚刀			
	综合轮			
	搓轮			
	搓板、起搓条			
	激光打孔鼓			
	设备地面的烟支及烟灰	扫帚	使用扫帚清理设备地面的烟支及烟灰	地面无落地烟支及烟灰
3	准备开机			
	盘车检查，开启设备	手动	盘车后低速启动，开机时应注意观察设备状况	设备运行正常

注：清洁保养过程应严格按照表格所列项目的顺序进行操作。

（2）卷接机 15 min 保养要求见表 2-11。

表 2-11　卷接机 15 min 保养要求一览表

序号	项目	使用工具	要求及注意事项	保养效果
1	班前准备工作			
	准备保养工具，如干抹布、湿抹布、铲刀、钩刀、通条刷、M4 内六角扳手等			
2	清洁保养			
	接嘴胶缸	干抹布、湿抹布、铲刀、钩刀	清洗胶缸、上胶辊、控胶辊，清洁接胶盘	接嘴胶缸表面清洁，无胶垢
	VE 接灰盘		清理 VE 主丝带前后的接灰盘	VE 接灰盘无烟沙
	刀头		清理刀头内的残烟	刀头内无废料（刀头罩处于打开状态）
	水松纸片收集箱（ZJ118 型卷接机特有的设备）		清理水松纸片收集箱	无纸片残留
	钢印（带有钢印设备）	铜刷、清洗剂	清理钢印表面的油墨及积垢	钢印无油墨、积垢
	接嘴胶缸安装架	铲刀、钩刀	清理接嘴胶缸安装架和上胶装置的齿轮	接嘴胶缸安装架表面清洁，无胶垢
	废支桶		清空废支桶	废支桶内无废料
	激光打孔装置		清理激光打孔装置附近的积尘、纸屑	激光打孔装置表面无积尘、纸屑
	梗签桶		清空梗签桶	梗签桶内无废料
	残烟分选机（ZJ118 型卷接机特有的设备）		清空废支桶、烟末桶及提升机下部的接灰盘	废支桶、烟末桶、接灰盘内无废料
	胶缸		胶缸壁涂抹凡士林，正确安装胶缸	安装正确

续表

序号	项目	使用工具	要求及注意事项	保养效果
2	整机表面	风枪	使用风枪清理设备表面积尘，以及喂丝机（VE）风室、气室、流化床积尘较多的部位；清理设备机脚底部的积尘，刀头防护罩内／布带盘的积灰，以及滤棒接收机、设备透明防护罩内部可见的积尘和废支回收装置（包括提升机、分选回收装机）外表面机脚处、梗丝分选设备外表面、烟支储存装置机脚处	整机表面清洁，无积尘
3	结束保养			
	压缩空气开关		手动关闭压缩空气开关	
	负压开关		手动关闭真空开关、除尘开关	
	搓板位置		搓板处于下降的位置	
	电源开关		参照卷接机停机的操作要求	
	将工具及其他物品归位		归位放置	

注：清洁保养过程应严格按照表格所列项目的顺序进行操作。

（3）卷接机 30 min 保养要求见表 2-12。

表 2-12　卷接机 30 min 保养要求一览表

序号	项目	使用工具	要求及注意事项	保养效果
1	班前准备工作			
	打开气源		打开 MAX 压缩空气开关，VE、MAX 除尘负压开关，MAX 真空开关	
	准备保养工具，如干抹布、湿抹布、铲刀、钩刀、通条刷、M4 内六角扳手等			
2	设备吹灰			
	VE 侧门内部积尘及风室较少积尘部位	风枪		表面清洁
	设备其他部位浮尘			

续表

序号	项目	使用工具	要求及注意事项	保养效果
2	MAX 各个鼓轮的表面	风枪		表面清洁，无积尘
	废支回收装置门罩内部			无积尘
	梗丝分选设备门罩内部			
	烟支储存装置玻璃门内下部			
3	清洁保养			
	风室体	钩刀、铲刀	使用压缩空气清洁风室体内部，并更换新的吸丝带	风室体内部无烟灰
	流化床气室（ZJ118 型 /ZJ17C 型卷接机）	吸风管	清理流化床气室内部的余尘	气室内部无积尘
	VE 振槽（流化床及 ZJ118 型卷接机设备）	风枪	清理振槽内残留的烟丝	VE 振槽内无残留烟丝
	布带辊	钩刀、铲刀	使用铲刀清洁 4 个布带辊	布带辊表面无积垢
	布带盘		使用压缩空气清洁烟枪、布带盘内部，并更换新的布带	烟枪表面、布带盘防护罩内部无烟沙、烟尘
	油墨辊（带有钢印设备）	抹布、清洗剂	清理油墨辊表面的油墨及积垢	油墨辊表面无油墨
	综合轮导板	抹布	清理综合轮导板表面的积垢	综合轮导板无积垢
	第二供纸辊（带有钢印设备）		清理第二供纸辊的积垢	第二供纸辊无积垢
	胶枪及烙铁	抹布、钩刀	清洁胶枪喷嘴的胶垢及烙铁工作面的胶垢，再手动打胶	胶枪及烙铁无胶垢；胶水均匀出胶，无气泡
	烟条通道	通条刷	使用通条刷清洁烟条通道内残留的烟条	烟条通道无残留烟条

续表

序号	项目	使用工具	要求及注意事项	保养效果
3	切纸轮	抹布、钩刀	清洁各个部件的积垢	各个部件表面无积垢，鼓轮风孔无堵塞
	滚刀			
	滚刀罩			
	综合轮			
	搓轮			
	搓板、起搓条			
	激光打孔鼓轮（16# ~ 20#）			
	第二切割轮			
	水松纸供纸辊	铲刀	清洁辊子表面的积垢	辊子表面无积垢
	水松纸送纸辊			
4	准备开机			
	盘车检查，开启设备		盘车后低速启动，开机时应注意观察设备状况	设备运行正常

注：清洁保养过程应严格按照表格所列项目的顺序进行操作。

（4）卷接机 90 min 保养要求见表 2-13。

表 2-13　卷接机 90 min 保养要求一览表

序号	项目	使用工具	要求及注意事项	保养效果
1	班前准备工作			
	摇开 VE 后身	专用扳手	提前脱开与后身连接的部位	
2	设备吹灰、吸尘			
	VE 防侧护罩内部	风枪	清理设备的烟沙、积灰	无烟丝、烟沙、积灰
	VE 防正护罩内部			
	吸丝带抽吸梁内部			
	VE 梗丝分离正吹风室			
	流化床（使用流化床工艺设备）	风枪、吸尘管		

续表

序号	项目	使用工具	要求及注意事项	保养效果
2	VE 振槽（流化床及 ZJ118 型卷接机设备）	风枪	清理 VE 振槽内残留的烟丝	VE 振槽内无残留烟丝
	小车送丝接料斗	风枪、吸尘管	清理设备的烟沙、积灰	无烟丝、烟沙、积灰
	平整盘机构	风枪		
	主、副回丝输送带及其附近区域			
	小车送丝接料斗 / 风送管道			
	回丝振槽			
	陡角提升带灰斗	吸尘管		
	烙铁防护罩内部（2 个）	风枪		
	布带盘及防护罩内部			
	SE 盘纸接纸及供纸机构			
	SE 主风机过滤罩			
	刀头防护罩内部及扫描器			
	八爪传动机械手及其底部			
	一次分切轮、切割槽			
	下嘴轮系			
	MAX 各鼓轮表面			
	嘴棒接收机			
	储烟筒过道			
	储烟筒			

续表

序号	项目	使用工具	要求及注意事项	保养效果
2	残烟分选机(ZJ118型卷接机特有的设备)	风枪	清理设备的烟沙、积灰	无烟丝、烟沙、积灰
	整机表面（包括梗丝分离回收装置）	延长杆风枪		
3	清洁保养			
	VE 接灰盘		清理 VE 主丝带前后的接灰盘	VE 接灰盘无烟沙
	磁铁机构	抹布	清理磁铁吸附物	磁铁机构表面无异物
	烟枪、大小压板	抹布、钩刀	清理烟枪、压板表面的胶垢	烟枪、压板表面无积垢
	喷胶枪		清理胶枪、喷胶装置底板表面的胶垢	喷胶枪表面无积垢
	布带辊	钩刀、铲刀	使用铲刀清洁 4 个布带辊	布带辊表面无积垢
	布带盘		使用压缩空气清洁烟枪、布带盘内部，并更换新的布带	烟枪表面、布带盘防护罩内部无烟沙、烟尘
	油墨辊（带有钢印设备）	抹布、清洗剂	清理油墨辊表面的油墨及积垢	油墨辊表面无油墨及积垢
	钢印（带有钢印设备）	铜刷、清洗剂	清理钢印表面的油墨及积垢	钢印无积垢
	综合轮导板	抹布	清理导板表面的积垢	综合轮导板无积垢
	第二供纸辊（带有钢印设备）		清理第二供纸辊积垢	第二供纸辊无积垢
	胶枪及烙铁	抹布、钩刀	清洁胶枪喷嘴胶垢及烙铁工作面的胶垢，清理表面的结胶	胶枪及烙铁无胶垢，胶水均匀出胶，无气泡
	烟条通道	通条刷	使用通条刷清洁烟条通道内残留的烟条	烟条通道无残留烟条

续表

序号	项目	使用工具	要求及注意事项	保养效果
3	切纸轮	抹布、钩刀	清洁各个部件的积垢	各个部件表面无积垢，鼓轮风孔无堵塞
	滚刀			
	滚刀罩			
	综合轮			
	搓轮			
	搓板、起搓条			
	激光打孔鼓轮（激光打孔设备专属）			
	第二切割轮			
	滚刀胶垢收集盘	铲刀、抹布	清理滚刀胶垢收集盘	滚刀胶垢收集盘无胶垢
	水松纸片收集箱（ZJ118型卷接机特有设备）		清理水松纸片收集箱	水松纸片收集箱无纸片
	上胶装置的齿轮	钩刀	清洁齿轮的胶垢	齿轮无胶垢
	水松纸供纸辊	铲刀	清洁辊子表面的积垢	辊子表面无积垢
	水松纸送纸辊			
	接嘴胶缸安装架	铲刀、钩刀	清理接嘴胶缸安装架和上胶装置的齿轮	接嘴胶缸安装架表面无胶垢
	废支桶		清空废支桶	废支桶内无废料
	梗签桶		清空梗签桶	梗签桶内无废料
	残烟分选机（ZJ118型卷接机特有设备）		清空废支桶、烟末桶、提升机下部的接灰盘	废支桶、烟末桶、接灰盘内无废料
	地面烟支及烟灰	扫帚	使用扫帚清理地面的烟支及烟灰	地面无落地烟支及烟灰
	胶缸		安装胶缸，更换尼龙瓦轴承（润滑）	胶缸安装正确
	接嘴胶缸、接胶盘	干抹布、湿抹布、铲刀、钩刀	清洗接嘴胶缸、上胶辊、控胶辊，胶缸壁涂抹凡士林，清洁接胶盘	接嘴胶缸、接胶盘表面无胶垢

续表

序号	项目	使用工具	要求及注意事项	保养效果
4	结束保养			
	摇上 VE 后身	专用扳手	摇上 VE 后身，连接相关连接件	
	压缩空气开关		关闭压缩空气开关	
	负压开关		关闭真空开关、除尘开关	
	电源开关		关闭卷接机、储烟筒的电源	
	将工具及其他物品归位			

注：清洁保养过程应严格按照表格所列项目的顺序进行操作。

（5）卷接机 240 min 保养要求见表 2-14。

表 2-14　卷接机 240 min 保养要求一览表

序号	项目	使用工具	要求及注意事项	保养效果
1	班前准备工作			
	摇开 VE 后身	专用扳手	提前脱开与后身连接的部位	
2	设备吹灰、吸尘			
	吸丝带抽吸梁内部	风枪	清理设备的烟沙、积灰	无烟丝、烟沙、积灰
	VE 梗丝分离正吹风室			
	吸丝烟道			
	VE 振槽（流化床及 ZJ118 型卷接机设备）		清理 VE 振槽内残留的烟丝	VE 振槽内无残留烟丝
	陡角提升带灰斗	吸尘管		
	烙铁防护罩内部（2 个）	风枪	清理设备的烟沙、积灰	无烟丝、烟沙、积灰
	烟丝分选回收装置内部			

续表

序号	项目	使用工具	要求及注意事项	保养效果
2	残烟分选机(ZJ118型卷接机特有设备)	风枪	清理设备的烟沙、积灰	无烟丝、烟沙、积灰
	整机表面浮尘			
3	清洁保养			
	VE 接灰盘		清理 VE 主丝带前后的接灰盘	VE 接灰盘无烟沙
	磁铁机构	抹布	清理磁铁吸附物	磁铁机构表面无异物
	针辊、抛丝辊	钩刀	清理针辊、抛丝辊表面的积尘、积垢	针辊、抛丝辊表面无积尘、积垢
	VE 侧门传动系统	抹布、钩刀	清理设备表面的积尘、积垢	设备表面无积尘、积垢
	VE 侧门液压系统			
	弧形板		清理弧形板表面的积尘、积垢	弧形板表面无积尘、积垢，见本色
	烟枪、大小压板		清理烟枪、压板表面的胶垢	烟枪、压板表面无积垢，见本色
	喷胶枪		清理胶枪、喷胶装置底板表面的胶垢	喷胶枪表面无积垢，见本色
	布带辊	钩刀、铲刀	使用铲刀清洁 4 个布带辊	布带辊表面无积垢
	布带盘		使用压缩空气清洁烟枪、布带盘内部，并更换新的布带	烟枪表面、布带盘防护罩内部无烟沙、烟尘
	油墨辊（带有钢印设备）	抹布、清洗剂	清理油墨辊表面的油墨及积垢	油墨辊表面无油墨，见本色
	钢印（带有钢印设备）	铜刷、清洗剂	清理钢印表面的油墨及积垢	钢印无积垢、油墨
	牌子箱（包括下横向挡板）	铜刷、清洗剂、抹布	清理牌子箱表面的油墨及积垢	牌子箱无积垢、油墨，见本色

续表

序号	项目	使用工具	要求及注意事项	保养效果
3	综合轮导板	抹布	清理导板表面的积垢	综合轮导板无积垢
	第二供纸辊（带有钢印设备）	抹布	清理第二供纸辊的积垢	第二供纸辊无积垢、墨迹
	胶枪及烙铁	抹布、钩刀	清洁胶枪喷嘴的胶垢及烙铁工作面的胶垢，清理胶枪及烙铁表面的结胶	胶枪及烙铁无胶垢，见本色；胶水均匀出胶，无气泡
	SE胶桶		SE胶桶表面结胶	SE胶桶无胶垢，见本色
	切割系统（刀盘、曲柄、润滑箱壳体表面）		清理切割系统表面的积尘及积垢	切割系统表面无积尘、积垢
	蜘蛛手机构		清理蜘蛛手机构表面的积垢、油污	蜘蛛手机构表面无积垢、油污
	SE后身机架		清理SE后身机架表面的积尘、积垢、油污	SE后身机架表面无积尘、积垢、油污
	SE主风机过滤罩	抹布、风枪	清理SE主风机过滤罩的积尘	滤网无积尘
	烟条通道	通条刷	使用通条刷清洁烟条通道内残留的烟条	烟条通道无残留烟条，表面无积垢
	综合轮	抹布、钩刀、小尖锥	清洁各个部件的积垢	各个部件表面无积垢，鼓轮风孔无堵塞
	搓轮			
	搓板、起搓条			
	激光打孔鼓轮（激光打孔设备专属）			
	第一切割轮			
	第二切割轮			
	其他鼓轮			

续表

序号	项目	使用工具	要求及注意事项	保养效果
3	上胶装置（包括各滚轮、支架、铲刀、胶辊传动轴、水松纸加热板）	抹布、钩刀	清理上胶装置表面的积尘、积垢、油污	上胶装置表面无积尘、积垢、油污
	水松纸切割系统（切纸轮、滚刀、滚刀胶垢收集盘、滚刀刷）	抹布、钩刀、小尖锥	清洗滚刀胶垢收集盘、切纸轮，清理鼓轮风孔、滚刀等处的胶垢	水松纸切割系统无胶垢
	水松纸片收集箱（ZJ118型卷接机特有设备）		清理水松纸片收集箱	水松纸片收集箱无纸片
	水松纸供纸辊	铲刀	清洁辊子表面的积垢	辊子表面无积垢
	水松纸送纸辊			
	接嘴胶缸安装架及四周壳体	铲刀、钩刀	清理接嘴胶缸安装架和上胶装置的齿轮	接嘴胶缸安装架及四周壳体表面清洁，无胶垢
	各辅料桶	抹布、钩刀	检查和清空桶内的物品	桶内无废料、无积垢
	梗签桶		清空梗签桶	梗签桶内无废料
	残烟分选机(ZJ118型卷接机特有设备)		清空废支桶、烟末桶和提升机下部的接灰盘	废支桶、烟末桶和接灰盘内无废料
	MAX后身机架	抹布、钩刀	清理MAX后身机架表面的积尘、积垢、油污	MAX后身机架表面无积尘、积垢、油污
	MAX后离合传动齿轮箱		清理MAX后离合传动齿轮箱表面的积尘、积垢、油污	MAX后离合传动齿轮箱表面无积尘、积垢、油污
	MAX后身对接传动齿轮箱		清理MAX后身对接传动齿轮箱表面的积尘、积垢、油污	MAX后身对接传动齿轮箱表面无积尘、积垢、油污，见本色
	MAX胶桶		清理MAX胶桶表面的积尘、积垢	MAX胶桶表面无积尘、积垢、油污，见本色
	滤棒接收机表面		清理滤棒接收机表面的积尘、积垢、油污	滤棒接收机表面无积尘、积垢、油污

续表

序号	项目	使用工具	要求及注意事项	保养效果
3	胶缸		安装胶缸，胶缸壁涂抹凡士林	胶缸安装正确
	烟支储存装置链、带	抹布、钩刀	清理设备表面的积尘、积垢	设备表面无积尘、积垢
	清洗拆卸零件	干抹布、湿抹布、铲刀、钩刀	清洗胶缸、上胶辊、控胶辊、切纸轮、滚刀罩、搓轮、激光打孔鼓轮	零件表面清洁，无胶垢
4	开机准备			
	摇上 VE 后身	专用扳手	摇上 VE 后身，连接相关连接件	
	打开气源		打开气源开关	
	打开电源		通电	
	将工具及其他物品归位		物品归位摆放	
	准备开机，试生产			

注：清洁保养过程应严格按照表格所列项目的顺序进行操作。

2.4.6 材料缺陷管理

（1）已检查合格的卷烟材料在使用过程中发生影响卷烟产品质量或机台不能正常运行的，机台人员应反馈至现场工艺管理人员和现场材料员。

（2）现场工艺管理人员及时将材料质量问题的处置意见通报现场材料员和机台，现场材料员根据处置意见负责对问题材料进行处置，并将处置信息通报现场工艺管理人员。

（3）如需重新配盘，现场材料员应及时启用新配盘 ID，协助材料配盘人员配入其他生产日期、厂家或批次的合格材料。生产现场及高架库所有缺陷材料应退回仓库，隔离并放置禁用或待处理的标识牌。

（4）问题材料经评审为让步接收时，现场材料员、机台操作人员应严格加强产品质量检验，并增加对过程材料使用情况的关注，及时将再发生的问题反馈至现场工艺管理人员。

2.4.7 标识管理

（1）标识牌说明一般为"合格"（绿底白字）、"待处理"（红底白字）。

（2）标识牌应放置在物品表面。

（3）标识牌管理。

①标识牌按责任区域进行管理，不使用的标识牌应放置在规定的区域，不允许随意放置。

②应使用本机台的标识牌，不允许使用其他机台的标识。

③异常出现的标识牌需明确放置班别、时间，并及时回收。

④标识牌如有损坏，应及时进行更换。

⑤因生产需要新增标识牌的，根据标识可视化标准进行定制。

2.5 主要质量缺陷或工艺问题的分析及预防措施

2.5.1 供料成条机质量缺陷或工艺问题的分析及预防措施

（1）负压供应异常。

①负压管道密封不良，导致管道漏风。操作工应每天点检负压管道，发现异常立即报告。

②管道开关蝶阀发生故障，导致蝶阀不开启或开启不到位。操作工应每天点检管道开关蝶阀，发现异常立即报告。

（2）烟丝供应不均匀。

①负压供气异常。操作工应实时监控负压表；开展负压梯度试验，优化修订负压控制要求。

②提升带齿磨损。操作工应轮保检查提升带齿的完好性，提升带齿不完整时应及时更换。

③针辊针板磨损。操作工应轮保检查针辊针板磨损，必要时及时更换针辊针板。

④烟丝来料问题。操作工应改善烟丝来料的质量。

⑤针辊有异物。操作工应轮保检查针辊，及时清理异物。

⑥抛丝辊有异物。操作工应轮保检查抛丝辊，及时清理异物。

⑦脉冲开关触发信号不准确。操作工应轮保检查脉冲开关触发信号，及时修正信号。

（3）烟丝受污染。

①回用烟丝受污染。对落至地面的烟丝不再回用，避免回用烟丝受污染。

②平整盘密封圈老化、漏油。操作工应定期点检平整盘密封圈。

（4）烟丝在吸丝带通道阻塞。

①吸丝带张紧力过小。操作工应检查高压通风机负压、中压通风机正压、吸丝风带轮轴承及吸丝机张紧气压是否符合要求。

②针辊电机碳刷磨损，导致回丝量异常。操作工应检查针辊电机碳刷，必要时更换针辊电机碳刷。

③铲丝刀与吸丝带的间隙不当。操作工应调节铲丝刀与吸丝带的间隙。

④铲丝刀与烟舌的位置不正确。操作工应调节铲丝刀与烟舌的位置。

⑤布袋张紧、线速度及运动平稳性差。操作工应检查布带防滑带的磨损情况，严重时应更换防滑带。

⑥吸丝带驱动轮与被驱动轮传动间隙大或传动齿轮带磨损断裂。操作工应更换吸丝带主动轮或更换联轴器与齿形带。

⑦磁选装置没有安装到位，产生窜风。操作工应正确安装磁选装置。

⑧烟丝导轨安装位置不正确或烟丝导轨磨损严重。操作工应正确安装烟丝导轨。

⑨烟丝带运行不畅。操作工应检查设备，更换损坏的部件。

（5）梗中含丝太多。

①中压通风机风压太低。操作工应调节中压通风机风压。

②螺旋回梗装置挡板太低。操作工应适当调高螺旋回梗装置挡板。

③三次分选装置下部挡风板位置不当。操作工应正确调节二次分选装置下部挡风板，使其处于理想位置。

（6）卷烟纸断纸、撕裂和松弛。

①供纸补偿装置调整不正确或失灵。操作工应调整供纸补偿装置，使其正常工作。

②布带轮的直径偏大或偏小，布带打滑。操作工应调整布带轮的直径。

③导纸辊转动不灵活。操作工应调整导纸辊轴承，必要时更换导纸辊轴承。

（7）烟支跑条。

①烟丝来料不均匀，有明显的竹节烟条产生。操作工应关注生产过程，改善烟丝来料的均匀性。

②供胶量不适当。当胶量过大时，纸边搭口不能快速烘干；当胶量过小时，没有粘贴力，且有气泡。操作工应检查齿轮泵的齿轮及泵体各间隙，使间隙符合相关要求。

③烙铁调整不正确。由于温控表上的温度与烙铁的温度实际偏差过大，烙铁须垂直于烟条，操作工应在工作状态下校准烙铁的水平，使整个烙铁体的工作面紧贴在烟条搭口中央。

④布带在运行中上下起伏。操作工应检查布带各传动轮与机身的垂直度，传动轮是否存在轴向窜动，特别要检查布带导引的垂直度和轴向窜动，保证纸边搭口对喷嘴涂胶位置的稳定性。

⑤卷烟纸的线速度（供纸辊牵引卷烟纸的线速度）与布带轮的线速度不匹配。当布带轮的线速度大于供纸辊的线速度时，操作工应减小布带轮的直径，第一供纸辊和第二供纸辊的压纸辊不宜压得太紧，将纸引出来即可。

⑥大压板与小压板的位置不正确。操作工应视烟支外观情况，反复调整大小压板。

⑦烟舌、小压板、大压板三者之间的相对位置不正确。操作工应视烟支外观情况，反复调整三者的相对位置。

⑧胶桶缺胶。操作工应检查并确保胶桶的胶量。

⑨胶管内有气泡。操作工应检查胶管并排空胶管内的气泡。

⑩胶液质量不符合工艺要求。操作工应更换不符合工艺要求的胶液。

⑪喷胶嘴脏或位置不正确。操作工应清洗喷胶嘴并调整其位置。

⑫布带上有积胶或布带损坏。操作工应清理布带上的积胶或更换损坏的布带。

⑬布带导辊轴承损坏。操作工应更换损坏的布带导辊轴承。

⑭"V"形通道和进烟鼓轮上检测器积灰较多，造成误检。操作工应清理"V"形通道和进烟鼓轮上检测器的积灰。

⑮"V"形通道吸风管堵塞或"V"形通道上检测器积灰。操作工应清洁"V"形通道4个吸风孔内侧或"V"形通道上检测器的灰尘，使吸风孔通畅。

⑯测量管内有胶垢，造成烟条通过不顺利。操作工应清理测量管内的胶垢，使烟条顺利通过。

⑰打条器调整不平或上下位置不当，造成烟条跳动。操作工应校正打条器，使烟条平稳。

⑱喇叭嘴或喇叭嘴支架的位置不正确。操作工应用专用量棒校正喇叭嘴或喇叭嘴支架的位置。

⑲"V"形导轨烟条导向块位置不正确。操作工应用专用量棒校正"V"形导轨烟条导向块的位置。

⑳蜘蛛手抽吸槽与"V"形导轨的间隙不正确。操作工应用专用量棒校正蜘蛛手抽吸槽与"V"形导轨的间隙。

㉑蜘蛛手烟支传送与接装机进烟鼓轮不同步。操作工应按技术要求调整蜘蛛手，使其与接装机进烟鼓轮同步。

2.5.2　烟条成型机质量缺陷或工艺问题的分析及预防措施

（1）烟支搭口夹烟末。

①烟舌位置调整不当，导致跑烟沙严重。操作工应按技术标准调整烟舌，使烟舌位置符合要求。

②设备保养不到位。操作工应及时清理设备。

③喷胶嘴处无烟末，但吸风管堵塞。操作工应定期清理吸风管道，保证管道通畅。

（2）钢印模糊缺失或钢印不洁。

①油墨出墨量控制不当。操作工应实时监控，或使用钢印在线监控装置进行监控，调整油墨供给量至相关合理要求。

②匀墨辊与均墨辊的间隙不当。每班操作工应检查匀墨辊和均墨辊，需要时调整匀墨辊与均墨辊的间隙。

③均墨辊与传墨辊的间隙不当。每班操作工应检查均墨辊与传墨辊，需要时调整均墨辊与传墨辊的间隙。

④传墨辊与钢印的间隙不当。每班操作工应检查传墨辊与钢印，需要时调整传墨辊与钢印的间隙。

⑤钢印与压印辊的间隙不当。操作工应检查并调整钢印与压印辊的间隙至合适的位置。

⑥气动压力不当。每班操作工应检查气压表和出墨量。

⑦油墨泵连杆磨损。维修人员检查油墨泵连杆，及时更换磨损的油墨泵连杆。

⑧钢印磨损。维修人员应定时检查钢印，更换磨损的钢印。

⑨钢印在线检测不准确。电工应定期点检钢印，保证设备运行正常。

⑩油墨不均匀。维修人员应定时检查油墨，发现油墨异常须及时调整。

⑪钢印和各油墨辊有污垢。每班操作工应清洁钢印和各油墨辊，发现异常须及时清理。

⑫出墨嘴堵塞。每班操作工应清洁出墨嘴，发现异常须及时清理。

⑬油墨有杂质。操作工应更换含有杂质的油墨。

（3）钢印错位。

①牌子箱同步带磨损。维修人员定期检查牌子箱同步带，更换磨损的牌子箱同步带。

②补偿器损坏。维修人员定期检查补偿器，更换损坏的补偿器。

③供纸辊传动键磨损。维修人员定期检查供纸辊传动键，更换磨损的供纸辊

传动键。

④张紧臂位置检测失灵。电器维修人员定期点检张紧臂位置，调整检测参数或更换损坏的检测仪器。

⑤布带打滑或新安装的布带未充分拉长。操作工应检查布带的张紧情况或更换布带，空车试运行。

⑥钢印松脱。操作工应拧紧并重新调整钢印。

⑦同步带传动太松或同步质量差。操作工应张紧同步带或更换质量好的同步带。

⑧布带轮防滑带打滑。操作工应更换布带轮防滑带。

（4）钢印使用错误。

人为使用钢印错误，应对钢印进行牌号标识，对不同牌号钢印进行分区放置；使用钢印前由操作人员、现场管理人员多方检查和确认钢印使用是否正确。

（5）烟丝条重量差异大。

①回丝振槽故障。操作工应排除回丝振槽故障。

②回丝量过大。操作工应调整回丝量至合适。

③烟丝来料不均匀。操作工应提高烟丝来料的均匀性。

④副回丝输送带打滑。操作工应张紧副回丝输送带，并保证其运行过程不跑偏。

⑤主回丝输送带打滑。操作工应张紧主回丝输送带，并保证其运行过程不跑偏。

⑥烟丝条直径过大或过小。操作工应调整卷接机，使烟丝条的直径符合要求。

（6）烟支皱纹。

①鼓轮结胶清理不及时。操作工应定期清理鼓轮结胶。

②卷烟纸材料皱纹。操作工应对每卷材料进行检查，使用在线监控装置进行监控，发现不当应及时处置。

③传纸导轮结垢。操作工应定时清理传纸导轮的结垢。

④卷烟纸烟舌位置调整不当。操作工应按技术要求调整烟舌的位置。

⑤大小压板在安装时调整不正确或烙铁位置太低。操作工应按技术要求调整

大小压板和烙铁位置。

⑥卷烟纸运行张力太大。操作工应按要求调整布带轮。

⑦卷接机蜘蛛手抽吸槽与"V"形导轨的间隙太窄或不平整。操作工应按技术要求调整蜘蛛手抽吸槽与"V"形导轨的间隙。

（7）烟支布带印。

①布带安装不到位。操作工在每次开机时检查布带安装情况，不符合要求时须调整至符合技术要求。

②小压板过高或过低。操作工应检查小压板的位置是否符合要求，不符合要求时须调整至符合技术要求。

③布带轮的直径不合适要求。操作工应检查布带轮的直径是否符合要求，不符合要求时须更换布带轮。

④布带位置不居中。操作工应检查布带位置是否符合要求，不符合要求时须调整至符合技术要求。

⑤布带导轮轴承磨损。操作工应轮保检查，定期更换磨损的布带导轮轴承。

（8）烟支切口倾斜、起毛、崩口。

①烟支长度变化后，烟支切口倾斜。由于原长度烟支行程的中点切割位置即连杆行程中点位置是按照原切割中点校正的水平直线位置，当烟支长度改变后原中点切割位置和水平直线位置均发生了偏移，切刀和喇叭嘴的角度不在垂直位置切割，应以改变后的中点行程位置校准喇叭嘴的水平直线位置，然后校准刀片与喇叭嘴的切割垂直度。

②刀盘角度不正确，使切刀切割烟条时不垂直于烟条，造成烟支切口歪斜。操作工应重新调整刀盘的角度，使刀片在切割烟条时垂直于烟条。

③刀片伸出过长，使刀片后烟条砍断，而不是切割。操作工应将刀片调整至标准位置，再调整进刀脉冲。

④喇叭嘴磨损。操作工应轮保检查喇叭嘴，更换磨损的喇叭嘴。

⑤进气座密封圈漏气。操作工应轮保检查进气座密封圈，更换漏气的进气座密封圈。

⑥进刀杆卡簧损坏。操作工应轮保检查进刀杆卡簧，更换损坏的进刀杆卡簧。

⑦进刀间隔的时间不准确。操作工应按技术要求调整进刀间隔的时间。

⑧切刀更换周期不当。操作工应定期更换切刀。

⑨砂轮刃磨的角度不正确。操作工应按技术要求调整砂轮刃磨的角度。

⑩砂轮表面有污垢。操作工应清理砂轮表面的污垢。

⑪进出口喇叭嘴的间距过大。操作工应按技术要求调整进出口喇叭嘴的间距。

⑫两把切刀不在一个平面上，造成一把刀与喇叭嘴不垂直。操作工应重新校准刀盒的平行度。

⑬磨刀砂轮与切刀的磨削角度有偏差。操作工应按技术要求调整磨刀砂轮。

⑭砂轮的粒度太粗，磨削后刀口不锋利。操作工应更换砂轮。

（9）蜘蛛手油封老化、磨损造成漏油。操作工应轮保检查、跟班点检，必要时更换蜘蛛手油封。

2.5.3　滤棒接装机质量缺陷或工艺问题的分析及预防措施

（1）烟支滤嘴缺失。

①错位轮与切割鼓轮交接位置不正确。操作工应轮保检查，必要时调整错位轮与切割鼓轮交接位置至符合技术要求。

②错位轮与合一轮交接位置不正确。操作工应轮保检查，必要时调整错位轮与合一轮交接位置至符合技术要求。

③小搓板与切割鼓轮间隙不正确。操作工应轮保检查，必要时调整小搓板与切割鼓轮间隙至符合技术要求。

④滤棒没有内胶线。操作工应定时检查滤棒是否有内胶线。

⑤滤棒爆口。操作工应定时检查滤棒是否有爆口。

⑥传送鼓轮风孔堵塞。操作工应实时监控，及时清理堵塞的传送鼓轮风孔。

⑦综合轮剔除失效。操作工应实时监控，及时调整剔除参数，或更换剔除仪器。

⑧缺嘴剔除失效。操作工应实时监控，及时调整剔除参数，或更换剔除仪器。

（2）水松纸切割不良，以及产生长短片。

①水松纸运行跑偏。操作工应检查并处理水松纸跑偏的问题。

②水松纸切刀已钝或切刀本身调校精度不高。操作工应检查并更换水松纸切刀，或用校刀器重新调校水松纸切刀。

③水松纸切刀切割压力太小。操作工应按技术要求重新调整水松纸切刀的切割压力，增加切割压力。

④供纸辊磨损或太脏。操作工应清除供纸辊上的脏物，必要时更换供纸辊。

⑤切纸鼓轮的风压太小。操作工应清理切纸鼓轮的吸风孔，使其风压符合技术要求。

⑥水松纸切纸鼓轮制动器失灵。操作工应更换或重新调整失灵的切纸鼓轮制动器。

⑦切纸鼓轮制动装置内摩擦片磨损，间隙大。操作工应更换切纸鼓轮制动装置内的摩擦片。

⑧供纸辊传动轴磨损或键磨损造成松动。操作工应更换供纸辊传动轴或键。

⑨切纸鼓轮过滤器需清洁。操作工应清理切纸鼓轮过滤器。

（3）水松纸多张。

①设备启动时切纸轮无清洁吹风或切纸轮铲刀与切纸轮间隙超标，导致水松纸片贴在切纸轮上。操作工开机时应注意观察，及时报修。

②水松纸回收装置工作不正常，无法吸走多余的水松纸，导致水松纸乱飞。操作工应定期清理回收装置管口，防止管口堵塞。

③水松纸接头剔除不准确或剔除不干净。跟班电工点检，及时调整剔除参数，或更换剔除仪器。

（4）水松纸断纸。

①纸盘架上张紧装置的制动力太大。操作工应调整调节螺母，减小制动力。

②抬纸辊工作时位置太低。操作工应调整抬纸辊的工作高度。

③刮纸器转向速度太快。操作工应调整气缸节流阀，使其动作平稳。

④水松纸质量差，拉力不够。操作工应增加水松纸的拉力。

⑤切纸鼓轮吸风低。操作工应调整切纸鼓轮吸风负压至符合技术要求。

⑥切纸鼓轮凹槽有胶垢。操作工应检查并清理切纸鼓轮的凹槽。

（5）水松纸夹杂。

①滚刀脏或结胶，导致水松纸搭口夹胶垢。操作工应定期保养滚刀和更换滚

刀刷。

②滚刀罩内水松纸的碎末过多或胶垢过多。操作工应定期清洁滚刀罩。

③搓轮或搓板较脏。操作工应在每次开机前注意查看搓轮和搓板是否脏污，如搓轮和搓板较脏则须清洁后再开机。

④胶水质量不稳定。操作工应实时监控胶水的质量，发现异常应及时反馈或更换符合要求的胶水。

⑤综合轮处无吸末装置或吸末装置工作不正常。操作工应安装吸末装置或恢复吸末装置的功能。

（6）滤嘴烟水松纸泡皱。

①搓板、搓板鼓轮磨损。操作工应定期检查搓板及搓板鼓轮，必要时更换搓板、搓板鼓轮。

②搓板与搓板鼓轮的间隙不当。操作工应重新调整搓板与搓板鼓轮的间隙，使其符合技术要求。

③搓板的温度不正确。操作工应调整搓板的温度，使其符合技术要求。

④刮纸器的角度不正确，刮刀磨损。操作工应按技术要求调整刮纸器的角度，更换磨损的刮刀。

⑤胶线偏移。操作工应实时监控胶线，不符合要求时须调整胶线至符合技术要求。

⑥切纸轮与综合轮的间隙不当。操作工应定时检查，调整切纸轮与综合轮的间隙至符合技术要求。

⑦接装纸质量不稳定。操作工应实时监控，更换符合要求的接装纸。

⑧滤嘴不符合要求。操作工应实时监控，更换符合要求的滤嘴。

⑨接嘴胶的黏稠度不当。操作工应实时监控，更换符合要求的接嘴胶。

⑩烟支的直径过大或过小。操作工应调整卷接机，使烟支的直径符合要求。

（7）水松纸包裹不良。

①搓接鼓轮、切纸鼓轮、靠拢鼓轮的表面较脏或吸风孔堵塞。操作工应清理搓接鼓轮、切纸鼓轮、靠拢鼓轮的表面，并清理堵塞的吸风孔。

②切纸鼓轮、靠拢鼓轮、水松纸切刀的位置不正确。操作工应按技术要求调整切纸鼓轮、靠拢鼓轮、水松纸切刀的位置。

③水松纸切刀切不断纸。操作工应按技术要求调整水松纸切刀。

④瓷刮刀磨损或角度不正确，导致瓷刮刀卷曲水松纸不到位，水松纸张紧臂调整不当。操作工应按技术要求调整或更换瓷刮刀。

⑤剪切式水松纸切刀与切纸鼓轮接触压力太小，水松纸未完全切断。操作工应按技术要求调整剪切式水松纸切刀与切纸鼓轮接触的压力。

⑥椭圆辊（摆辊）的位置不符合技术要求。操作工应按技术要求调整椭圆辊（摆辊）的位置。

⑦剪切式水松纸切刀、切纸鼓轮磨损或有缺口。操作工应更换剪切式水松纸切刀或切纸鼓轮。

（8）分切后的滤嘴长度不等、端面不整齐。

①滤棒切割鼓轮的前后两个侧导轨的位置不当。操作工应按要求调整侧导轨的位置。

②滤棒切割鼓轮槽较脏。操作工应清理滤棒切割鼓轮槽。

（9）滤嘴烟漏气。

①与搓接有关的鼓轮或搓板清洁不到位。操作工应清理与搓接有关的鼓轮或搓板。

②瓷刮刀磨损或更换后角度不正确，导致瓷刮刀卷曲水松纸不到位。操作工应更换瓷刮刀或重新调整瓷刮刀的角度。

③接装机胶缸底部清洁不干净，存留杂物，使控胶辊部分无胶。操作工应重新调整接装机胶缸底部的刮刀，使控胶辊上胶堆高度正常。

④烟支圆周过小或滤嘴圆周过大。操作工应利用圆周仪检查烟支圆周与滤嘴圆周，使其符合工艺要求。

⑤控胶辊轴承损坏，控胶辊磨损，使供胶量不足。操作工应更换控胶辊轴承。

⑥胶缸安装不到位，使胶区中心线的位置偏移。操作工应重新安装胶缸，使胶区中心线的位置正确。

⑦水松纸提升臂转动不灵活或位置偏高。操作工应更换水松纸提升臂的轴承，并调整其位置。

⑧切纸鼓轮吸风小，滚刀切纸压力太大，使水松纸发生移位。操作工应清理

切纸鼓轮风孔，并调整滚刀。

⑨搓板刮板与搓接鼓轮的间隙不符合技术要求。操作工应调整搓板刮板与搓接鼓轮的间隙，间隙应为烟支直径 –0.7 mm。

（10）烟支夹烂。

①鼓轮对位有偏差。操作工在安装鼓轮时应使用合适的芯棒进行校正，保证鼓轮安装正确。

②鼓轮槽有污垢，导致烟支吸附不稳定，并发生甩烟。定期对易结胶的鼓轮槽进行清洁。

（11）烟支剔除不正常。

①石墨块不洁净。操作工应清洁石墨块。

②检测帽磨损。操作工应更换检测帽。

③检测用压缩空气的压力过低。操作工应提高检测用压缩空气的压力。

④P／U 转换器或电子插件 A4 发生故障。操作工应更换 P／U 转换器或电子插件 A4。

⑤检测环及其检测帽与鼓轮的位置调整不当。操作工应按要求调整检测环及其检测帽与鼓轮的位置。

⑥烟端扫描器外壳上的插头松动。操作工应插紧烟端扫描器外壳上的插头。

⑦烟端扫描器的位置调整不当。操作工应调整扫描器与滤烟支的位置。

⑧电子插件 A3 发生故障。操作工应更换电子插件。

⑨缺滤嘴监测光电传感器的位置不正确。操作工应调整光电传感器与滤嘴烟支的位置。

⑩缺滤嘴监测器的插头接触不良。操作工应检查并插紧插头。

⑪剔除鼓轮处剔废阀动作异常。操作工应更换剔废阀。

⑫剔除功能相位不正确。操作工应按技术要求调整剔除功能相位。

⑬检测鼓轮前后两个法兰盘的间隙偏大。操作工应按技术要求调整检测鼓轮前后两个法兰盘的间隙。

2.5.4 其他质量缺陷或工艺问题的分析及预防措施

（1）风力送丝。

①供丝断料。

a. 供丝信号发生故障。操作工在生产过程中应关注供丝信号，发现异常应及时反馈。

b. 风送管道堵料。操作工在生产过程中应关注风送管道，发现异常应及时反馈，定期清洁和疏通管道。

②堵料。

a. 负压、送丝风速异常。操作工在生产过程中应关注负压、送丝风速，发生异常应及时反馈。

b. 负压、送丝风速设定不合适。操作工应调整风速、负压梯度试验，设定合适的风速及负压。

③烟丝牌号错误。

a. 送丝操作工发送错误烟丝。车间管理人员应在送丝系统设置计划工单、贮丝柜贮丝牌号、喂丝机牌号三者验证，其一不符时操作人员无法通过系统操作发送烟丝。

b. 卷包计划工单下达的烟丝牌号错误。生产计划编制者在下达计划前核实贮丝柜柜号、喂丝机出口，避免计划下达错误造成烟丝牌号错误。

（2）剔梗。

①集中剔梗。

剔梗量大小控制失控。操作人员应在每天正常开机后检查剔梗量大小，发现异常及时调整参数。维修人员定期检查设备，定期维保。

②机台二次风选剔梗。

剔梗量大小控制失控。操作人员应在每天正常开机后检查剔梗量大小，在生产过程中不定期关注剔梗参数及剔除物是否有变化。维修人员定期检查设备，定期维修和保养。

（3）激光打孔。

①烟支打孔缺失或打不穿。

a. 激光打孔装置出现故障，导致设备不打孔。操作工应在轮保时维护激光打孔装置或激光厂家定期维护激光打孔装置。

b. 激光打孔装置镜片较脏。操作工应在轮保时检查激光头的清洁是否正常。

c. 激光头下方夹有烟支或其他杂物。操作工应在开机时不定期检查激光头下方是否夹有烟支或其他杂物。

d. 激光打孔轮脏。操作工应在每天上班开机前清洁激光打孔轮。

②烟支打孔位置或孔数不正确。

a. 激光打孔参数设置不当。操作工应在生产前检查激光打孔参数设置是否正确。

b. 激光打孔装置出现故障。操作工应在生产过程中不定期检查烟支，发现异常应及时反馈至维修人员。轮保时维护激光打孔装置，或激光打孔装置生产厂家定期维护。

（4）烟支指标超标。

①综合检测台发生异常。

a. 轮浮圈损坏或浮圈压轮损坏，导致烟支长短不一。操作工应在轮保时检查综合轮内外浮圈及其压轮。

b. 综合检测台内有异物。操作工应定期清洁、校准综合检测台。

②烟支空头。

a. 平整器同步带磨损 / 齿轮磨损。操作工应检查平整器同步带磨损 / 齿轮磨损情况，必要时更换平整器同步带 / 齿轮。

b. 烟舌位置不正确。操作工应调整烟舌位置，使其符合技术要求。

c. 切口距离不正确。操作工应调整切口距离，使其符合技术要求。

d. 铲丝刀高度不正确。操作工应调整铲丝刀高度，使其符合技术要求。

e. 检测开关损坏或安装位置不正确。跟班电工点检，更换损坏的检测开关或调整安装位置，使其符合技术要求。

③烟支圆周不均。

a. 布带摆动且烟条搭口宽度发生变化。操作工发现烟条搭口宽度变化时，应及时更换布带。

b.喷嘴胶量太大，造成大压板和烙铁易结胶垢，使烟支圆周出现较大波动。操作工应检查并调整合适的胶量。

c.布带上有积胶，在运行过程中挤压烟条变形。操作工应清洁布带上的积胶或更换布带。

d.烙铁烫压过重，挤压烟条时导致烟条变形。操作工应检查并调整烙铁的高低位置，使其符合技术要求。

e.小压板和大压板过低，挤压烟条时导致烟条变形。操作工应检查并调整小压板和大压板的高低位置，使其符合技术要求。

f.烟枪出入口的布带导辊、过轮、布带张紧轮、布带轮上沾有胶垢。操作工应清理烟枪出入口的布带导辊、过轮、布带张紧轮、布带轮上的胶垢。

g.大压板四连杆机构铰链磨损。操作工应更换磨损的大压板四连杆机构铰链。

h.烟丝束来料不均匀。操作工应检查两劈刀盘、平准器升降装置、重量控制等，保证烟丝束来料均匀。

④烟支爆口。

a.水基胶质量不符合工艺要求。操作工应更换符合要求的水基胶。

b.喷胶嘴的位置不正确。操作工应检查并调整喷胶嘴的位置。

c.胶管内有空气或杂质，导致喷胶嘴上胶不匀。操作工应清洁胶管并排空胶管内的空气。

d.卷烟纸涂胶时运行不稳定。操作工应按技术要求调整布带轮的直径。

e.布带磨损严重或损坏。操作工应更换布带。

f.布带导辊、张紧辊、导纸辊轴承损坏。操作工应检查并更换布带导辊、张紧辊、导纸辊轴承。

g.作用于针阀的压缩空气控制气路失灵及针阀损坏。操作工应检查作用于上胶器针阀的压缩空气控制气路是否失灵，并更换磨损的针阀。

h.烟舌、小压板、大压板磨损或调整不当。操作工应更换磨损的烟舌、小压板、大压板，或按技术要求调整烟舌、小压板、大压板。

i.圆周过大。操作工应实时监控圆周，及时调整圆周至符合产品要求。

j. 纸口过高。操作工应实时监控纸口，及时调整纸口至合适位置。

k. 出胶量过小。操作工应实时监控出胶量，及时调整出胶量。

l. 喷胶器堵塞。操作工应实时监控喷胶器，及时清理喷胶器。

m. 烙铁位置不准确。操作工应检查烙铁位置是否符合要求，不符合要求时应调整至符合技术要求。

n. 烙铁结垢。操作工应定时清理烙铁的结垢。

o. 烙铁温度控制失灵。电器维修人员应定期点检烙铁温度，调整控制系统，或更换损坏的控制装置。

⑤烟支漏气。

a. 控胶辊轴承磨损。操作工应定时检查控胶辊轴承，定期更换磨损的控胶辊轴承。

b. 控胶辊键磨损。操作工应定时检查控胶辊键，定期更换磨损的控胶辊键。

c. 胶辊空转时间过久。胶辊空转超过 4 h 需当班清洗。

d. 胶堆检测失效。操作工应实时监控胶堆，每日保修清理。

e. 橡胶检测头堵塞。操作工应实时监控橡胶检测头，跟班电工点检，及时清理堵塞的橡胶检测头。

f. 控胶辊磨损。操作工应定时检查控胶辊，必要时更换磨损的控胶辊。

g. 胶水质量不稳定。操作工应实时监控胶水质量，发现异常应及时反馈或更换符合要求的胶水。

⑥原辅材料用错。

a. 烟支检查不到位。在领料、生产前、生产中进行多环节、多人员验证，提高正确性。

b. 换牌保养清理不干净。在领料、生产前、生产中进行多环节、多人员验证，提高换牌正确性。

⑦烟支重量偏移过大。

a. 烟条经过扫描器时，因上胶量太多在扫描器的检测管内产生积污，扫描器的检测不准确。关掉卷接机电源，拆除烟支重量扫描器入口处的挡块，再将入口内的检测导管紧固螺钉拆除，抽出检测导管，清除积污后再按与拆卸相反的顺序安装。如检测管有破损应更换检测管。

b. 供料系统工作不正常或位置调整不当，使到达烟枪的烟丝流量不均匀，烟支内烟丝量变化较大。检查供料系统的调整情况，如使高中压通风机的风压、内外劈刀盘的位置等符合技术要求。

c. 劈刀盘使用时间较长，劈刀盘的直径磨损，劈刀盘的间隙增大，修削烟丝的性能变差。操作工更换磨损严重的劈刀盘，每次拆装劈刀盘时必须调整劈刀盘和刷丝轮同步位置，使其配合间隙符合要求。

d. 平准器工作时上下动作频繁，受力较大，因此劈刀升降扇形齿轮磨损后平准器动作灵敏度下降，严重时动作范围减小严重，对烟丝修削量的调整作用明显下降。操作工应检查更换劈刀升降扇形齿轮。

e. 吸丝带打滑，烟丝紧头跟踪不稳定。操作工应检查铲丝刀与吸丝带调整间隙、吸丝带张紧装置及尾轮轴承。

⑧烟支外观质量缺陷。

a. 浮圈调整过紧，检测鼓轮检测帽间隙太小，切割鼓轮与导轨间隙过窄，HCD 入口皮带调整不当都会产生烟支的横皱纹。操作工应按技术要求调整浮圈、检测鼓轮检测帽、切割鼓轮与导轨的间隙、HCD 入口皮带。

b. 各鼓轮槽有胶垢，使烟支表面产生皱纹。操作工应清理各鼓轮槽。

c. 接装机胶水量太大，产生滤嘴皱纹。操作工应按技术要求调整接装机乳胶胶量。

d. 搓板入口刮板与搓接鼓轮的间隙调整过小，产生滤嘴竖皱纹。操作工应按技术要求调整搓板入口刮板与搓接鼓轮的间隙，间隙为烟支直径 –0.7 mm。

e. 切割鼓轮与导轮的间隙调整过大，使滤嘴端在切割时产生皱纹。操作工应按技术要求调整切割鼓轮与导轮的间隙。

2.5.5　ZJ116 型卷接机质量缺陷或工艺问题的分析及预防措施

（1）烟支分切长短不齐。

①浮圈局部变形、磨损、圆圈跳动大，造成烟支排列不在切割中心。操作工应更换浮圈，确保烟支排列在切割中心。

②浮圈、滚轮工作表面有烟垢。操作工应清除浮圈、滚轮工作表面的烟垢。

③调节支架上的滚动轮、轴承磨损，前后浮圈在靠拢点时，圆周跳动较大。操作工应更换滚轮、轴承，在靠拢点上使烟支中心位置与烟支一次分切轮切割中心一致。

④前后浮圈调整不正确。操作工应按技术要求重新调整前后浮圈。

（2）滤棒切口歪斜呈毛茬状。

①切刀刃口不锋利，砂轮磨削角度不对。操作工应调整砂轮与切刀的相对角度，使砂轮随切刀旋转，直到切刀锋利。

②滤棒切割轮的切刀槽积尘太多。操作工应清洁切刀槽。

③切刀直径太小或砂轮磨损。操作工应更换切刀或砂轮。

（3）滤棒段长度不相等。

①滤棒切割轮内外侧导轨的位置不当。操作工应按要求调整内外侧导轨。

②分切刀的间距不正确。操作工应按滤棒段规格调整分切刀的间距。

（4）接装纸发生翘边、泡皱、错牙的现象。

①接装纸卷曲器磨损或位置不正确。操作工应更换接装纸卷曲器或调整卷曲器的位置。

②接装纸预加热装置和搓板温度设定不正确。操作工应重新设定温度，或根据接装纸来料情况优化设定值。

③接装纸输送纸辊轴承损坏。操作工应更换轴承。

④压纸辊压得过紧或过松。操作工应按技术要求重新调整压纸辊。

⑤供纸辊、压纸辊磨损。操作工应更换磨损的供纸辊、压纸辊。

⑥搓烟轮与搓板的间距不正确。操作工应按技术要求重新调整两者的间距。

⑦搓烟轮与启动轨的间距不正确。操作工应按技术要求重新调整两者的间距。

⑧切纸辊与靠拢轮的间距不正确。操作工应按技术要求重新调整两者的间距。

⑨振荡辊的位置不正确。操作工应按技术要求重新调整振荡辊的位置。

⑩接装纸经过启动轨时被刮歪。操作工应按技术要求重新调整启动轨。

⑪烟支与滤嘴段圆周偏差过大。操作工应检查烟支圆周是否符合标准。

（5）接装纸漏气。

①接装纸质量异常。操作工应更换合格的接装纸。

②接嘴胶质量异常。操作工应更换合格的胶水。

③控胶辊磨损，涂胶量少。操作工应更换磨损的控胶辊。

④接装纸通过卷曲器张力设定不合理。操作工应针对不同材质、类型的接装纸，优化卷曲器的张力。

（6）接装纸夹杂烟末。

①烟丝含末率过高。操作工应改善烟丝结构，降低烟丝含末率。

②靠拢轮上的吸风除末孔堵塞。操作工应清洁靠拢轮上的吸风除末孔。

③烟条切口端紧密度不够。操作工应优化劈刀凹槽深度。

④接装纸在与组烟粘贴、搓接的过程中，烟支端口烟末在惯性与离心力的作用下飞溅到已上胶的接装纸上。保证靠拢轮在滤嘴和烟支对接结合处有足够长度的凹槽，吸风孔吸除飞溅的烟末；增加正压吸风，形成风幕隔离烟末与上胶接装纸片的接触；在相关区域增加挡板，用物理方法隔离已上胶的接装纸与飞溅的烟末。

（7）内外排烟支圆周存在差异。

①内外道烟舌高度不一致或内外道大小压板位置调整不当。操作工应调整内外道烟舌高度一致或正确调整内外道大小压板，必要时成套更换烟舌。

②在线烟支圆周检测系统失效。电工应定期点检，保证圆周检测设备运行正常。

③人为控制圆周不准确。操作工应实时监控烟支圆周。

（8）内外排烟支重量存在差异。

①内外道平整盘磨损或内外道压丝带轮工作不正常。操作工应在轮保时检查平整盘和压丝带轮。

②针辊工作不正常或缺针。操作工应检查针辊工作是否正常或轮保检查针钉缺失情况，同一针板上缺失超过5根针钉应更换针板。

③流化床各导板磨损或变形。操作工应更换流化床内磨损或变形的导板。

3

包装工序

3.1 工艺任务与流程

3.1.1 工艺任务

包装工序的工艺任务是在规定的环境条件（温度、湿度、含尘量等）下，将卷接机生产的合格烟支按照规定的规格或包装方式制造成合格的可以进行运输、贮存和销售的烟包和烟条。卷烟包装的主要目的是便于储运并保持卷烟的吸食品质，而卷烟吸食品质的保持与包装的工艺条件、包装方式、包装材料及包装密封度都有一定的关系。

3.1.2 工艺流程

包装工序的工艺流程是将烟支包裹进烟条，主要包括烟盒及封签（或框架纸）的包裹，烟盒透明纸及拉线的包裹，条盒的包裹，条盒透明纸及拉线的包裹。ZB25 型（GDX1）包装机、ZB45 型（GDX2）包装机、FOCKE FX2 包装机的工艺流程如图 3-1 至图 3-3 所示。

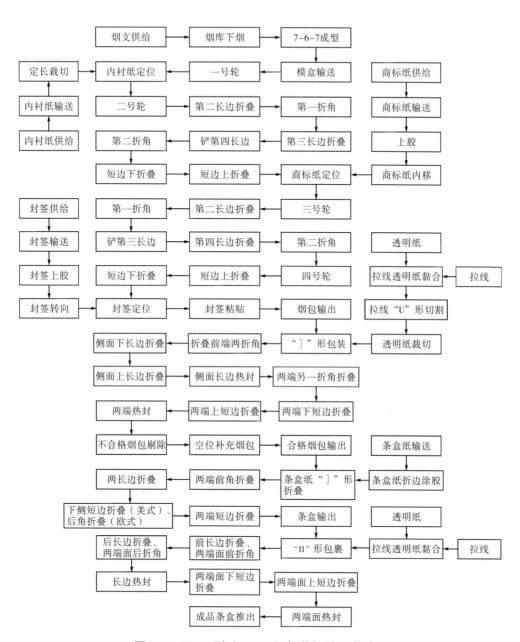

图3-1 ZB25型（GDX1）包装机的工艺流程

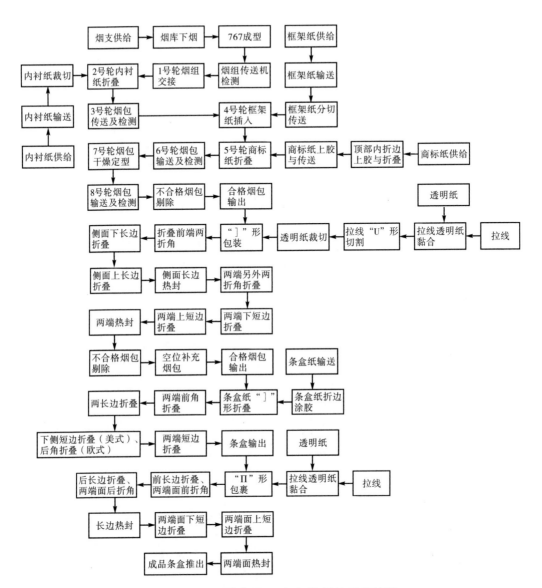

图3-2 ZB45型（GDX2）包装机的工艺流程

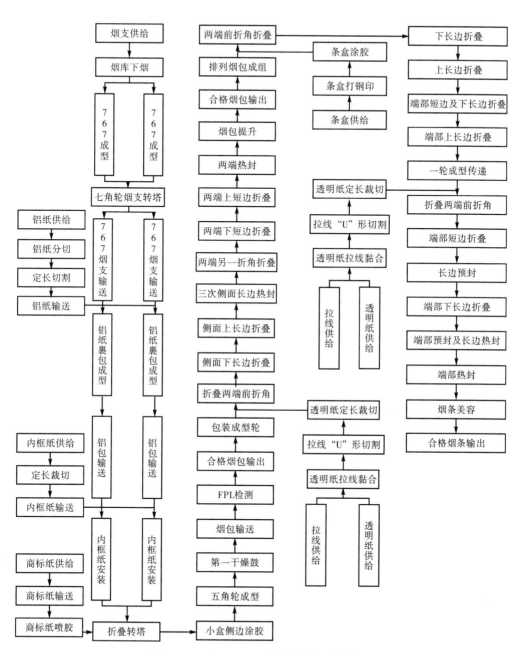

图3-3 FOCKE FX2包装机的工艺流程

3.2 主要设备

根据包装材料及包装外观进行划分，可以将包装设备划分为硬盒包装设备和软盒包装设备。在卷烟包装领域，世界上技术较为先进的是德国 FOCKE 公司和意大利 G.D 公司，他们更关注机械的稳定性、高精确性。硬盒包装设备具有较高技术水平的机型有 FOCKE 公司的 FOCKE350S 型、FX 型、FOCKE701 型，德国 G.D 公司的 X2000 型、X3000 型、H1000 型等。软盒包装设备有 FOCKE 公司的 FOCKE725 型，德国 G.D 公司的 X500 型、X700 型。目前，我国使用的主流机型是 20 世纪 90 年代引进和使用意大利 G.D 公司的 G.DX1 和 G.DX2 技术生产的 ZB25 型（软盒机组）和 ZB45 型（硬盒机组）机组。下面主要介绍 ZB25 型软盒硬条包装机、ZB45 型硬盒硬条包装机和 FOCKE FX2 型高速包装机。

3.2.1 ZB25 型软盒硬条包装机

ZB25 型软盒硬条包装机设计生产能力为 400 包 /min，主要包括 YB15 型（A400）卸盘机、YB25 型（X1）软盒包装机、YB55 型（CH）盒外透明纸包装机、YB65 型（CT）硬条包装机、YB95 型（CV）条外透明纸包装机及机组电控部分。

YB15 型（A400）卸盘机是 ZB25 型软盒硬条包装机第一个单元，主要是将盛满烟支的烟盘放置在输送链上，在烟盘输送到位后翻转烟盘，实现烟支的补充，具有缓存的功能。目前，主流设备已经不再使用该卸盘机，而使用储支圆筒来代替。

YB25 型（X1）软盒包装机的功能是将烟库的烟支按照工艺要求整理成 7-6-7 排列的烟支组，然后用内衬纸、商标纸、封签依次包裹，形成合格的软盒烟包。YB25 型（X1）软盒包装机主要分为烟支组成型、烟支检测与剔除、烟支的交接，铝箔纸包装与剔除，商标纸的包装，封签粘贴与烟包输送。

YB55 型（CH）盒外透明纸包装机主要是完成软盒烟包的透明纸及拉线的包裹。其作用是在软盒烟包外包裹一层透明纸，实现防潮、美化外观、保持产品吸食品质等功能。

YB65 型（CT）硬条包装机主要是完成条盒的包装。该设备将包裹有透明纸的合格烟包排列成 5 包（平列）、上下两层的条状，在输送过程中实现烟条的上胶和条盒各个断面的折叠。

YB95 型（CV）条外透明纸包装机主要是完成烟包条盒的透明纸及拉线的包裹，烟条在提升过程中完成"Π"形包裹，然后在输送过程中完成各个面的折叠包装与热封美容。

3.2.2　ZB45 型硬盒硬条包装机

ZB45 型硬盒硬条包装机包括 YB15 型（A400）卸盘机、YB45 型（X2）硬盒包装机、YB55A 型（CH）盒外透明纸包装机、YB65A 型（CT）硬条包装机、YB95A 型（CV）条外透明纸包装机及机组电控部分。

YB15 型（A400）卸盘机是 ZB45 型硬盒硬条包装机的第一个单元，主要是将盛满烟支的烟盘放置在输送链上，在烟盘输送到位后翻转烟盘，实现烟支的补充，具有缓存的功能。目前，主流设备已经不再使用该卸盘机，而使用储支圆筒来代替。

YB45 型（X2）硬盒包装机的功能是将烟库的烟支按照工艺要求整理成 7-6-7 排列的烟支组，然后用内衬纸、框架纸、商标纸依次包裹，形成合格的硬盒烟包。硬盒烟包的成型过程分为烟支组成型、烟支检测与剔除、铝箔纸包装与剔除、框架纸成型、商标纸包装、成型检测与位置调整、烟包干燥定型、烟包输出等 8 个阶段。

YB55A 型（CH）盒外透明纸包装机主要是完成硬盒烟包的透明纸及拉线的包裹，在输送过程中完成各端面及长边的热封，美容后完成透明纸的包装。

YB65A 型（CT）硬条包装机主要是完成条盒的包装。该设备将包裹有透明纸的合格烟包排列成 5 包（平列）、上下两层的条状，在输送过程进入"]"形已上胶的完成两前角折叠的条盒纸内，然后依次完成条盒上下两长边折叠及两端折叠，最终完成条盒的包装。

YB95A 型（CV）条外透明纸包装机主要是完成烟包条盒的透明纸及拉线的包裹，烟条在提升过程中完成"Π"形包裹，然后在输送过程中完成各个面的折叠包装与热封美容。

3.2.3　FOCKE FX2 型高速包装机

FOCKE FX2 型高速包装机是超高速双通道硬盒包装机组，最高产量为 800 包 /min，采用双通道衬纸竖包的形式。整个机组由 FX703 型硬盒包装机、FX753 型盒外透明纸包装机 、FX779 型硬条及条外透明纸包装机、FX542 型商标纸拆垛供料装置和 FX798 型卷筒类辅材供料装置等 5 个部分组成。

FX703 型硬盒包装机是通过 4 条下烟道输送烟支，然后经过 7-6-7 排列转给七角轮转塔，双通道进行内衬纸、框架纸包裹，再经商标纸涂胶包装，干燥定型，最后输出合格烟包。

FX753 型盒外透明纸包装机是通过 "U" 形包装折叠两端前折角、侧面上下边折叠、热封、两端另一角折叠及两端上下短边折叠，经热封后输出合格的烟包。

FX779 型硬条及条外透明纸包装机是通过条盒 "[" 形包装，两端前折角折叠，上下长边折叠，端部短边及上下长边折叠，完成条盒包裹。然后通过透明纸 "[" 形包装，折叠两端前折角、端部短边、端部下长边，预封长边，再折叠端部下长边，预封端部及热封长边，热封端部及美容，最后输出合格的烟条。

3.2.4　包装机主要检测装置

（1）YB25 型（X1）软盒包装机检测装置。

①烟库烟支检测器（2S215、2S216、2S217）。每个烟槽中都安装一个检测器，用于检测烟支到位情况。如果在一个烟槽中连续检测出 3 个缺支，将发生停机、传送 "烟库中缺少烟支" 信号等情况。

②烟束中烟支排列不齐检测器（2S220）。如果烟支排列不齐，则该检测器手臂移动超过 1 ～ 2 mm，将发生停机、传送 "烟包烟支排列不齐" 信号等情况。

③右缺支检测器（2B282）。如果该检测器检测出缺少 1 支烟支，将发生连续 9 个工位机器速度降至 180 包 /min、在后续位置上剔除烟束、停供相关的铝箔纸、停止商标纸吸附及封签供应等情况。如果有 3 个连续的烟束缺支，将发生停

机、传送"烟包烟支不全"信号等情况。

④烟支空头检测器（2B283）。如果该检测器检测出空头烟支，将发生在 Z 位置上剔除烟支、停止商标纸吸附及封签供应等情况。

⑤铝箔纸偏移检测器（2B226、2B227）。如果这两个光电检测器都检测到铝箔纸，则说明位置正确；如果仅有一个光电检测器检测到铝箔纸，则说明铝箔纸的位置发生偏移，将发生在后续剔除相关烟包、停止供应封签等情况。如果该情况连续发生 3 次，则发生停机、显示"铝箔纸位置错误"信息等情况。该检测在相同的线性相位上执行。如果两个光电管都没有检测到铝箔纸，将发生停机、显示"缺少铝箔纸"信息等情况。

⑥三号轮堵塞检测器（2B513）。如果该检测器检测出商标纸包装不规则，将发生停机、显示"三号轮入口阻塞检测"信息、停止两张封签供应、在后续位置上剔除两包烟包等情况。

⑦三号轮门打开检测器（2S547）。该检测器用于感应三号轮门是否打开，如果三号轮门打开，将发生停机、显示"三号轮门打开"信息等情况。

⑧三号轮商标纸存在检测器（2B511）。该检测器为光电检测器，用于检测烟包商标纸。如果烟包上无商标纸，将发生停机、显示"三号轮缺商标纸"信息、停供封签、在后续位置上剔除烟包等情况。

⑨四号轮入口阻塞检测器（2S514）。四号轮入口处有一个活动装置，在入口工位出现破损或不规则烟包时，该活动装置将会发生偏移，使检测器无法感应，同时发生停机、显示"四号轮入口阻塞"信息、停供两张封签、在后续出口处剔除两包烟包等情况。

⑩四号轮半圆门打开检测器（2S518）。该检测器为传感器，可感应四号轮半圆门。如果半圆门打开，将发生停机、显示"四号轮半圆门打开"信息等情况。

⑪四号轮空模盒检测器（2B518）。如果该检测器检测出烟包缺失，将会发生停供相关工位封签的情况。

⑫四号轮出口提升阻塞检测器（2S516）。在四号轮出口处安装一根移动杆来检验破损烟包，且该传感器兼具有四号轮出口平台门打开检测的功能。如果满足以上两个条件之一，将发生停机、显示"四号轮出口提升阻塞"信息等情况。

⑬皮带入口封签存在检测器（2B520）。如果该检测器连续检测出 3 包封签缺失，则会发生停机、显示"皮带入口缺封签"信息、在后续位置上剔除相关烟包等情况。

⑭出口内衬纸存在检测器（2S543）。若该检测器检测出烟包内缺少内衬纸，将发生在后续位置上剔除相关烟包的情况。

⑮出口商标纸检测器（2B539 ）。该检测器为光电检测器，用于检测出口烟包商标纸是否缺失，如果未检测出商标纸，将发生在后续位置上剔除相关烟包的情况。

⑯出口封签存在检测器（2B540）。如果烟包被检测出缺少封签，将发生在后续位置上剔除相关烟包的情况。

（2）YB45 型（X2）硬盒包装机检测装置。

①烟库烟支检测器（2S215、2S216、2S217）。每个烟槽中都安装一个检测器，用于检测烟支到位情况。 如果在一个烟槽中连续检测出 3 个缺支，将发生停机、传送"烟库中缺少烟支"信号等情况。

②烟束中烟支排列不齐检测器（2S220）。如果烟支排列不齐，则该检测器手臂移动超过 1 ～ 2 mm，将发生停机、传送"烟包烟支排列不齐"信号等情况。

③右缺支检测器（2B282）。如果该检测器检测出缺少一支烟支，将发生连续 9 个工位机器速度降至 180 包 /min、在 X 位置上剔除烟束、提供相关的铝箔纸、停止商标纸吸附及封签供应等情况。如果有 3 个连续的烟束缺支，将发生停机、传送"烟包烟支不全"信号等情况。

④烟支空头检测器（2B283）。如果该检测器检测出空头烟支，将发生在后续位置上模盒中的烟支被剔除、在后续位置上相关内衬纸被剔除、停止商标纸吸附及框架纸供应等情况。

⑤铝箔纸偏移检测器（2B226、2B227）。如果这两个光电检测器均检测到铝箔纸，则说明位置正确；如果仅有一个光电检测器检测到铝箔纸，则说明内衬纸的位置发生偏移，那么将发生机器速度降低至剔除速度、在后续位置上剔除相关烟包、停止框架纸供应、在后续位置上剔除相关商标纸等情况。如果以上情况连续发生 3 次，将发生停机、显示"铝箔纸位置错误"信息等情况。

⑥三号轮 PULL 检测器（2B518）。该光电管用于检测烟包上的 PULL 到位情

况，且用于区分两支烟支之间的空白位置。如果烟包铝箔纸缺少 PULL，将发生停机、显示"缺 PULL"信息、在后续位置上剔除商标纸、框架纸停吸、在后续位置上剔除两包烟包等情况。

⑦框架纸到位检测器（2B511）。如果该检测器检测出没有框架纸，则发生停机、显示"四号轮无框架纸"信息、重新启动后在后续位置剔除没有框架纸的烟包等情况。

⑧商标纸到位检测器（2S412）。如果该检测器检测到商标纸不到位，且在商标纸下降通道中亦未能检测到商标纸，则会发生停机、显示"商标纸用尽"信息等情况；如果在商标纸下降通道中检测到商标纸，而未能检测到商标纸到位，则发生显示"商标纸不足"信息、H11 灯开始闪烁（CH 按钮板）等情况。

⑨商标纸下降左 / 右侧检测器（2S430、2S431）。如果该检测器检测出商标纸在下降中发生倾斜，将会出现停机、显示"商标纸左侧倾斜"或"商标纸右侧倾斜"信息等情况。

⑩左 / 右侧商标纸到位检测器（2B424、2B426）。如果一个或两个光电检测器检测到商标纸没有到位，将发生停机、显示"商标纸吸附阻塞检测"信息、框架纸停止供给、在后续位置上剔除相关烟包等情况。如果在 80° 相位中，一个或两个光电检测器检测到商标纸不到位，将发生停机、显示"左侧光电检测器能效检测失败"或"右侧光电检测器能效检测失败"信息等情况。如果在 310° 相位，一个商标纸吸附动作被停止，而商标纸仍像往常一样被输送，将发生停机、显示"商标纸吸附能效检测失败"信息、在后续位置上剔除商标纸等情况。

⑪商标纸印刷点检测器（2B422）。如果商标纸色差过大或放置错误，将停止框架纸进给、在后续位置剔除烟包等。如果发生连续 3 次商标纸放置错误，将发生停机、显示"商标纸印刷点检测出错"信息等情况。

⑫五号轮商标纸阻塞检测器（2S522）。如果该检测器检测出阻塞，将发生停机、显示"五号轮商标纸输送阻塞"信息、电磁阀断开后升起商标纸上胶器压轮等情况。

⑬商标纸到位检测器（2B510）。如果该检测器检测出没有商标纸，将发生停机、显示"五号轮缺少商标纸"信息、电磁阀 2Y773 断开后升起上胶压轮、机器启动时在后续位置上将相关烟包剔除等情况。

⑭五号轮烟包存在检测器（2S519）。如果该检测器检测出缺少烟包（空商标纸），将发生停机、显示"五号轮缺少烟包"信息、机器启动后在后续位置上剔除烟包等情况。

⑮五、六号轮阻塞检测器（2S515）。如果该检测器检测出破损烟包，将发生停机、显示"五号轮／六号轮阻塞"的信息、机器启动时在后续位置上剔除相关烟包等情况。

⑯六、七号轮阻塞检测器（2S523）。该检测器可检测破损烟包从六号轮向七号轮输送的情况。如果发现破损烟包，将发生停机、显示"六号轮／七号轮阻塞"的信息、机器启动时在后续位置剔除相关烟包等情况。

⑰八号轮门检测器（2S538）。该检测器可检测八号轮出口处破损烟包的到位情况。如果发现破损烟包，将发生停机、显示"八号轮门打开"信息、机器启动后在后续位置上剔除相关烟包等情况。

⑱小包综合外观质量在线检测系统（ZN0260）。该在线检测系统可配置4台相机，且能检测6个面，并采用LED光源，利用"相机+PC图像处理软件"的检测模式，检测出缺陷烟包并剔除缺陷烟包。

（3）YB55型（CH）、YB55A型（CH）盒外透明纸包装机检测装置。

①缺拉线及薄膜拼接检测器（3B228）。该检测器为光传感器，如果该光传感器没有检测到拉线的情况连续发生3次，将发生机器停机、显示红色信息"CH拉线缺少"等情况。如果光传感器在两个相位中只有一次检测到拉线，则表明拉线没有对齐，那么相应的烟包将在CH出口位置被剔除。如果光传感器在这两个相位中只有一次检测到拉线的情况连续发生3次，将发生机器停机、显示红色信息"CH拉线偏移"等情况。

②前后部透明纸对齐检测器（3B229、3B230）。该检测器为光电传感器，如果出现有一个光电传感器没有检测到透明纸或两个光电传感器没有同时检测到透明纸，那么相应的烟包将在CH出口被剔除。如果有一个光电传感器没有检测到透明纸的情况连续发生6次，或者两个光电传感器没有同时检测到透明纸的情况连续发生3次，将发生停机、显示红色信息"CH透明纸缺少或偏移"等情况。

③CH薄膜展开堵塞检测器（3S211）。当该检测器检测到透明纸堵塞时，则发生停机、显示红色信息"CH透明纸松卷阻塞"、与透明纸展开平台工位相对

应的 3 个烟包将在 CH 出口位置被剔除等情况。

④ CH 透明纸撕断检测器（3S244）。该检测器为传感器，用于检测透明纸是否断裂。当该检测器检测到透明纸断裂时，则发生停机、显示红色信息"透明纸断裂"等情况。

（4）YB65 型（CT）、YB65A 型（CT）硬条包装机检测装置。

①条盒上部、下部堆叠检测器（3B489、3B494）。一个传感器没有检测到烟包堆叠或两个传感器没有同时检测到烟包堆叠，则发生条盒剔除的情况；两个传感器没有同时检测到烟包堆叠的情况连续发生 3 次，则发生机器停机、显示"缺堆叠"等情况；只有一个传感器没有检测到烟包堆叠的情况连续发生 3 次，则发生机器停机、显示"堆叠不全"信息等情况。

②条盒左侧、右侧均存在及条盒对齐检测器（3B482、3B483）。两个光电传感器都没有检测到条盒纸，则发生机器停机、显示"裹包线缺 CT 盒片"的信息、条盒剔除、后续停止供应一张条外透明纸等情况；只有一个光电传感器检测到条盒纸，则发生机器停机、显示"裹包线 CT 条盒纸未对齐"的信息、条盒剔除、停止供应一张条外透明纸等情况。

③上部折叠检测器（3S470）、下部折叠检测器（3S491）、侧部折叠检测器（3S469）。以上传感器负责检测折叠器对条盒纸的动作是否正确。当对应折叠器在动作中受到阻碍时，机器停机并分别显示红色信息"CT 上折叠器阻塞""CT 下折叠器阻塞""CT 侧折叠器阻塞"。

④ ZN0243 型 GD 气压式缺包检测器。该检测器是基于负压原理和压力变化来检测缺包的检测装置。利用欠压方式判断气压变化，在条盒没有包盒皮之前检测出缺包烟，并使用剔除口剔除缺包烟。

（5）YB95 型（CV）、YB95A 型（CV）条外透明纸包装机检测装置。

①外包装材料耗尽检测器（3S522）。该检测器用于检测条外盒透明纸是否耗尽。当透明纸缺少时，机器停机且显示红色信息"CV 包装材料耗尽"。

②外包装材料存在检测器（3B519）。该检测器为光电传感器，当光电传感器没有检测到条盒透明纸时，机器停机且显示红色信息"CV 外包缺少"。

③拉线耗尽检测器（3S523）。如果该检测器检测出拉线断裂或不存在，机器停机并显示红色信息"CV 拉线耗尽"。

（6）FOCKE FX2 包装机检测装置。

①烟支料位的高低检测器。该检测器为光电式传感器，分为烟库最小料位检测器（B5.4）、烟库中间料位检测器（B5.6）、烟库最大料位检测器（B5.7），主要用于检测烟库烟支料位的高低。B5.7 检测到烟支后，经延时暂时停供烟支；B5.6 与 B5.4 配合使用，保障烟支库容量处于正常状态。B5.4 持续报警后，设备会停机。

②烟库烟支存在检测器（B4.6）。该检测器为光纤式传感器，共 28 个检测头，每个烟道 1 个检测头，主要检测下烟道烟支是否缺失。若烟支缺失，则设备停机。

③七角轮烟支空头缺支检测器（B528）。该检测器为光电式传感器，用于检测七角轮模盒烟组空头缺支（嘴）缺陷，检测出的缺陷烟包从主机剔除口剔除。

④烟组通道顶部烟支检测器（B8.2）。该检测器为光纤式传感器，用于检测双通道烟组上部是否有烟支。若烟支缺失，则检测出的坏烟包将从主机剔除口剔除。

⑤衬纸拼接头检测器（B43.0）。该检测器为超声波厚度检测器，用于检测衬纸拼接的接头部分，检测出的缺陷烟包（两包以上）从主机剔除口剔除。

⑥通道烟包拉片检测器（B9.2、B9.5）。这两个检测器为光纤式传感器，其中 B9.2 用于检测通道 1 的烟包拉片，B9.5 用于检测通道 2 的烟包拉片，两个检测器用于检测商标纸通道内商标纸输送情况。检测出连续缺拉片小于 3 包时，缺陷烟包剔除；检测出连续缺拉片大于或等于 3 包时，主机报警并停机，缺陷烟包剔除。

⑦烟包通道 1 衬纸边缘检测器（B9.0、B9.1）、烟包通道 2 衬纸边缘检测器（B9.3、B9.4）。以上 4 个检测器为光电式传感器，用于检测烟包通道内衬纸输送情况。检测出连续缺衬纸小于 3 包时，缺陷烟包剔除；检测出连续缺衬纸大于或等于 3 包时，主机报警并停机，缺陷烟包剔除。

⑧卡纸拼接检测器（B31.7）。该检测器为光电式色差检测器，用于检测卡纸自带接头及卡纸拼接等情况，检测出的缺陷烟包从主机剔除口剔除。

⑨单路卡纸检测器（B30.1）。该检测器为光电式传感器，用于检测卡纸裁切后的输送情况，也作为内框纸剔除的能效检测。检测无卡纸，则报警并停机，对

应的缺陷烟包从主机剔除口剔除。

⑩烟包通道卡纸检测器（B30.2、B14.7）。这两个检测器为光电式传感器，B30.2 为烟包通道 1 卡纸检测，B14.7 为烟包通道 2 卡纸检测，两个检测器用于检测商标纸通道内商标纸输送情况。当检测器检测到缺卡纸时，则报警并停机。检测出的缺陷烟包从主机剔除口剔除。

⑪商标纸存在与偏移检测器（B38.6、B38.1、B38.2、B38.7）。B38.6、B38.1 为商标纸通道 1 商标纸存在与偏移检测器，B38.2、B38.7 为商标纸通道 2 商标纸存在与偏移检测器。以上 4 个检测器为光纤式传感器，用于检测商标纸通道内商标纸的输送情况。检测出连续缺商标纸小于 3 包时，缺陷烟包被剔除；检测出连续缺商标纸大于或等于 3 包时，主机报警并停机，缺陷烟包被剔除。

⑫商标纸通道反置检测器（B36.2、B36.3）。这两个检测器为光电式色差传感器。B36.2 为商标纸通道 1 反置检测器，B36.3 为商标纸通道 2 反置检测器。B36.2、B36.3 用于检测商标纸通道的商标反置情况。检测出连续商标反置小于 3 包时，缺陷烟包被剔除；检测出连续商标反置大于或等于 3 包时，主机报警并停机，缺陷烟包被剔除。

⑬转塔内小盒检测器（B14.4S）。该检测器为光电式传感器，用于检测小盒涂胶后进入转塔模盒的情况。当检测器连续检测出小于 3 包时，缺陷烟包被剔除；连续检测出大于或等于 3 包时，主机报警并停机，缺陷烟包被剔除。

⑭转塔内烟包存在检测器（B15.3S）。该检测器为光电式传感器，检测相位 30°～50°，用于检测转塔内的烟包输送至下一个工位的情况，在检测相位内不能检测到烟包，如果检测到烟包，说明烟包未能正常进入下一个工位，FX703 型硬盒包装机立即报警并停机。

⑮通道小盒侧边检测器（B16.4、B14.0、B16.5、B14.1）。这 4 个检测器为光电式传感器。B16.4、B14.0 为通道 1 小盒侧长边检测器，B16.5、B14.1 为通道 2 小盒侧长边检测器。当检测器检测出连续缺拉片小于 3 包时，缺陷烟包被剔除；当检测器检测出连续缺拉片大于或等于 3 包时，主机报警并停机，缺陷烟包被剔除。

⑯小盒外观检测系统（FPI）。该检测类型为照相式外观检测，用于检测小盒成型后的外观。检测到缺陷烟包时从主机剔除口剔除。

⑰小玻纸拼接检测器（B35.0）。该检测器为超声波传感器，用于检测小玻纸拼接情况。检测到拼接后双通道共剔除4包，检测出的缺陷烟包从小玻机剔除口剔除。

⑱小玻纸拉线检测器（B30.0、B30.1）。这两个检测器为光电式传感器，其中B30.0为外道小玻纸拉线检测器，B30.1为内道小玻纸拉线检测器。以上两个检测器用于检测小玻纸拉线的情况。当无法检测到拉线后，双通道则剔除相应的烟包；如出现连续的拉线缺失50 cm以上，则报警并停机，检测出的缺陷烟包从小玻机剔除口剔除。

⑲通道烟包检测器（B100.3E、B100.4E）。这两个检测器为光电式传感器，B100.3E为FX753型盒外透明纸包装机通道1烟包检测器，B100.4E为FX753型盒外透明纸包装机通道2烟包检测器。以上两个检测器用于检测FX753型盒外透明纸包装机烟包通道的烟包输送情况，当无法检测到烟包时，设备立即停机。

⑳条盒多张检测器（B67.5）。该检测器为超声波检测器，用于检测条盒多张情况。检测器检测出条盒多张后报警并停机，需要人工检查处置。

㉑条盒机条盒反置检测器（B53.1）。该检测器为光电色差检测器，用于检测条盒反置的情况。检测器检测出条盒连续反置小于3条时，缺陷烟条剔除；检测器检测出条盒连续反置大于或等于3条时，主机报警并停机，需人工检查处置。

㉒FX779型硬条及条外透明纸包装机成型轮条玻纸位置检测器（B70.1、B70.2）。这两个检测器为光电传感器，用于检测成型轮条玻纸长短与缺失的情况。如果20°检测不到玻纸，在FX779型硬条及条外透明纸包装机剔除位置剔除烟条，检测出连续缺纸大于或等于3条时，FX779型硬条及条外透明纸包装机报警并停机；35°时不应检测到玻纸，如果检测出玻纸，则FX779型硬条及条外透明纸包装机报警并停机。

㉓条玻机成型犁玻纸存在检测器（B52.6、B52.7）。这两个检测器为光电反射传感器，用于检测成型犁玻纸长短与缺失的情况。当检测器检测出连续缺纸小于3包时，缺陷烟包从FX779型硬条及条外透明纸包装机剔除口剔除；当检测器检测出连续缺纸大于或等于3条时，主机报警并停机，缺陷烟包从FX779型硬条及条外透明纸包装机剔除口剔除。

㉔条玻拉线存在检测器（B55.0）。该检测器为光电反射传感器，用于检测条玻拉线是否存在缺失的情况。当检测器检测出缺少拉线时，主机报警并停机。

㉕条玻机条玻存在检测器（B52.5）。该检测器为超声波传感器，用于检测条玻是否存在缺失的情况。当检测器检测出缺少条玻时，主机报警并停机。

3.3 包装材料

3.3.1 卷烟条与盒包装印刷品

（1）卷烟条与盒包装印刷品的定义。

①条包装纸。印有商标、条码、图案、文字等内容，将一定数量的盒装（硬盒或软盒）卷烟包装成条的专用纸，俗称条盒。

②盒包装纸。印有商标、条码、图案、文字等内容，将一定数量的卷烟包装成盒（硬盒或软盒）的专用纸，俗称小盒、盒皮、商标纸。

（2）卷烟条与盒包装印刷品的外观指标。卷烟条与盒包装印刷品的外观须满足一定的定量指标和定性指标，具体见表3-1。

表3-1 卷烟条与盒包装印刷品指标

项目	指标	
	定量指标	定性指标
印刷	卷烟条与盒包装纸印刷品套印偏差小于或等于0.25 mm，有对称图案要求的图案位置偏差小于或等于0.40 mm	图案、文字清晰、准确、完整、不变形，无漏印、错印，表面光洁，色相稳定，无明显残缺、划痕、糊版、毛点、拉墨
	表面小于或等于0.80 mm的浮点、脏点、漏底或条杠直径不应多于2个，大于1.0 mm的浮点、脏点、漏底或条杠直径不应多于1个	

续表

项目	指标	
	定量指标	定性指标
印刷	印刷图案左右偏离中心小于 ±0.5 mm	
	表面不应有直径大于 0.80 mm 的色点，直径在 0.30 ～ 0.80 mm 之间的色点小于或等于 2 个	实地印刷平实、光洁，色块上无条杠，网纹清晰、均匀，无明显变形、残缺；颜色要求与标准样张一致
烫印	烫印误差小于或等于 0.3 mm，花糊、漏底、污染的直径小于 0.25 mm，直径小于 0.25 mm 的花糊、漏底、污染少于 2 点	图文烫印应完整、清晰、牢固、平实，不得掉金粉，无虚烫、糊版、脏版和砂眼；字迹烫印应清晰，无毛刺、缺笔断划，图文烫印表面应光亮
压凹凸	表面图案压凹凸部位的误差应小于或等于 0.3 mm	压凹凸应饱满、光滑，图案和文字的位置应准确，卷烟条与盒包装纸印刷品不应过度压凹凸，避免造成破裂
上光油	除吃浆位外，漏印光油面积小于或等于 1 mm²，卷烟条与盒包装纸印刷品表面小于或等于 1.0 mm 的脏污点或气泡点不应多于 2 个，大于 1.0 mm 的脏污点或气泡点不应多于 1 个	上光涂层的涂布应均匀、光亮，无色透明，不发黄，不起皱，无气泡，不发黏；光油的位置正确，吃浆位不得上光油
平整度		卷烟条与盒包装纸印刷品应平整，没有影响包装机正常使用的翘边、变形、折皱、残缺条痕
转移包装纸	每张卷烟条与盒包装纸印刷品不应有直径大于 0.40 mm 的气泡点，直径小于或等于 0.40 mm 的气泡点不能超过 3 个	不应出现铝和纸的脱层现象

（3）卷烟条与盒包装纸印刷品的物理指标。物理指标需要进行检测，主要包含异味、商品条码符号印制质量等级、同色色差、定量、裁切/模切尺寸偏差、墨层耐磨性、压痕挺度（纵向或横向）、厚度、耐晒、二维码版卷烟材料二维码图形（区域）数据、交货水分、耐折性。

（4）包装标识要求。包装标识应按照《烟用材料编码第 2 部分：烟用材料物流单元代码与条码标签》（YC/T 209.2—2008）第 4 章附录 A 的相关规定进行编码并附条码标签，卷烟条与盒包装印刷品的包装体上应有产品名称、生产企业名称、地址、数量、规格、批号、生产日期、包装贮运标志（向上、防潮、小心轻放、防挤压等）及检验员代码、质量状况等内容。产品合格证应符合《工业产品保证文件　总则》（GB/T 14436—1993）的规定，包括产品执行标准号、产品检验日期、出厂日期、检验员代码等内容。

（5）卷烟条与盒包装印刷品应满足的输送条件。卷烟条与盒包装印刷品的包装体应以便于运输且不因包装形式不当而致使产品损伤为原则，托盘或卷盘包装形式的包装材料应具有防尘、防潮、防污染的功能。

（6）卷烟条与盒包装印刷品上机适用性要求。

①卷烟条与盒包装印刷品的使用性能应符合公司卷烟产品要求，适合设备额定生产条件。

②卷烟条与盒包装印刷品应平整，裁切平齐、叠放整齐、方向统一，不应有裁切不断或材料倒放等影响设备运行和产品包装质量的现象。

③卷烟条与盒包装印刷品应能很好地黏合定型，在上机过程中包装产品黏合面不应出现弹开的现象。

④卷烟条与盒包装印刷品应厚度适中、压痕位置准确、压痕深度适中，经设备包装成型后产品外观方正。

⑤卷烟条与盒包装印刷品在上机过程中及产品包装后，不应出现油墨爆裂、刮痕（刮花）、脱色、掉粉等现象。

3.3.2　内衬纸

（1）内衬纸的定义。内衬纸是衬于卷烟小盒内衬的纸，对卷烟起一定的防潮、保香等作用。

（2）内衬纸的卫生指标。内衬纸的卫生指标主要包括溶剂残留、甲醛含量、邻苯二甲酸酯总量、五氯苯酚含量、多氯联苯总量、特定芳香胺含量、二异丙基萘含量、D65 荧光亮度、异味、微生物等。

（3）内衬纸的物理指标。内衬纸的物理指标主要包括宽度、定量、纵向抗张能量吸收指数、动摩擦系数（参考控制）、层间附着力、厚度、水分、每卷长度、纸卷外径、卷芯内径、色差。纸张表面应洁净、平整，光泽均匀，图案、文字、线条清晰、完整，不应有污点、重叠、折皱、机械扭伤、裂纹、划痕、脱墨、爆裂、粘连、掉色、脱胶、起泡、掉粉、表面氧化等缺陷，盘纸内不应夹带杂物，外观色差应无明显差异。卷盘张力应松紧一致，卷芯无松动，端面平齐，边缘不应有毛刺、缺口和卷边。卷芯宽度与内衬纸宽度应一致。印刷面油墨经过二次180°重合、手工折叠压扁后，其折叠角的折叠线不应爆裂、漏底。接头应牢固、平整，不应有粘连，接头处应有明显标识，每个盘内不应超过一个接头。

（4）内衬纸的包装与标志。

内衬纸的包装应符合以下要求：①烟用内衬纸应按类型、规格装入托盘或箱，不应混装、错装、少装；②托盘或箱的包装材料应具有防尘、防潮、防污染的功能；③托盘或箱应包装完整，封口应牢固。

内衬纸的标志应符合以下要求：①托盘或箱体上应有产品名称、数量（包括卷盘数、公斤数等）、执行标准编号、生产企业名称、地址、生产日期、生产批号、产品合格证（可以放置在托盘或箱内）、储运安全标志等。②每盘烟用内衬纸卷芯内壁和卷盘搭口处应有标签，标签必须以印刷或打印的方式制作。标签粘贴要求牢固，不易脱落。标签上主要包括产品名称，卷盘长度、卷盘宽度、定量、接头数、生产企业名称、生产日期、生产班组、分切、包装、检验工代号等内容。

（5）内衬纸的贮存与运输。

内衬纸的贮存：内衬纸应贮存在清洁、干燥、通风、防火的仓库内，堆放应距地面大于或等于100 mm，距库房墙面大于或等于1 200 mm。产品应避免阳光直射，防止受雨雪、地面潮气的影响；在春、夏季等潮湿天气时，应加强仓库除湿，保持地面、墙面、托板干燥、洁净，避免产品及其包装受潮、霉变、虫蛀等。内衬纸不应与有毒、有异味、易燃等物品同时贮存。贮存期限从生产日期起不超过12个月。

内衬纸的运输：内衬纸运输工具应保持干燥、清洁、无异味；运输过程中应防雨、防潮、防晒、防挤压，不得与有毒、有异味、易燃等物品同车运输；装卸时应轻装、轻卸，严禁摔、扔；不得将包装件从高处扔下，以防损坏。

（6）内衬纸的上机适用性。内衬纸的上机适用性主要包括：①内衬纸的使用性能符合卷烟产品要求，适合设备额定的生产条件。②内衬纸上机后运行状态应平稳，不应有明显跳动、摆动、脱色、掉粉、刮痕（刮花）、断纸等现象。③内衬纸的压纹清晰、完整，不应有压纹深浅或压穿的现象，上机折叠后不应有裂纹。

④内衬纸在上机使用过程中切割顺利，成型性能良好，包装过程黏合良好。⑤内衬纸接头粘连牢固，便于设备检测和剔除。黏结处不应透层，接头质量不应影响包装外观。⑥内衬纸的卷芯应牢固，不易变形，不应脱落。⑦内衬纸上机运行后不应出现表面铝箔脱落或磨蹭、粘连的现象，经过加热工序时不应出现铝箔变色的现象。

3.3.3 烟用拉线

（1）以聚酯（PET）或双向拉伸聚丙烯薄膜（BOPP）材料作基材的拆封烟用拉线技术要求（见表 3-2）。

表 3-2 烟用拉线的技术要求

项目		指标要求
宽度 /mm		设计值 ±0.1
断裂强度 /（kN·m^{-1}）		≥ 5.0
断裂伸长率		≤ 180%
180°剥离强度 /（kN·m^{-1}）		≥ 0.015
热收缩率		设计值 ±2.0%
外观	印刷	颜色、图案、文字按实物标样要求清晰、正确，字迹、图案、线条清晰、完整，不应有重影，色泽光亮、饱满，与实物标样保持一致，无明显色差
		印刷图文要求颜色均匀，无明显色差，线条平直居中，上下偏差小于或等于 0.2 mm，线条清晰饱满、无残缺。印刷应牢固，不应有褪色的现象
	涂胶层	涂胶层均匀、透明、清晰，无灰尘、杂质，不得有漏涂、脱胶或溢胶的现象
	卷（盘）外观	收卷松紧一致，绕卷整齐，放卷流畅，无松动现象
	接头	拉线不应有断头的现象，每万米接头不应大于 4 个，接头平整、牢固，无扭曲，接头后印刷面的图案、文字等应完整、连贯
	异味	不应有妨碍卷烟香味的气味
	持粘性 /h	≥ 1
	每卷长度 /m	≥设计值
	卷芯内径 /mm	设计值 $^{+2.0}_{-0}$

（2）烟用拉线的包装与标志。

烟用拉线的包装：①产品应卷绕在线筒上，外面套有塑料袋；②无论采用任何形式包装的产品，都不允许包装件内的产品数量少于规定数量或包装件上标明的数量。

烟用拉线的标志：①包装箱上应标明生产企业名称、产品名称、规格（宽度 × 长度）、箱装数量、生产日期，以及放置受热、受潮、"请勿倒置"的标志；②每个包装箱内应附有产品合格证，产品合格证内应有产品名称、材料代码（有相关要求）、规格（宽度 × 长度）、数量、生产日期、检验员代号、生产企业名称等标志；③每卷烟用拉线卷芯内壁应贴上标签，标签内容包括产品名称、规格（宽度、收缩型或普通型）、长度、生产日期、收卷方式及要求，标签应以印刷或打印的方式制作，品名、规格不得手工涂改，标签粘贴在卷芯内壁，要求粘贴牢固，不易脱落。

（3）烟用拉线的贮存与运输。烟用拉线应采用清洁、干燥的运输工具，运输途中应防止潮湿、暴晒、热烤、摔碰，避免堆压过高、散包等，不得与有毒、潮湿、有异味的物品及化学物品同车运输。产品应贮存在清洁、干燥、通风、阴凉、防火的仓库内，产品堆放应距地面大于或等于 100 mm；距库房墙面大于或等于 200 mm；产品应避免阳光直射，防止受雨雪、地面潮气的影响；春、夏季等潮湿天气时，应加强仓库除湿，保持地面、墙面、托板的干燥、洁净，严防潮湿、暴晒、热烤、摔碰，避免堆压过高等。贮存期从生产之日起不超过 12 个月。

（4）烟用拉线的上机适用性。烟用拉线的上机适用性主要包括：①烟用拉线的使用性能应符合公司卷烟产品要求，适合设备额定的生产条件；②烟用拉线上机后运行状态平稳，不应有明显跳动、摆动、断线、变色等现象；③烟用拉线的热收缩率应尽可能保持均匀，不应出现因烟用拉线热收缩率均匀性问题而频繁调整设备；④烟用拉线的施胶层胶量适中，与包装膜黏合良好，不应出现因施胶层胶量问题影响设备运行或出现缺陷烟包；⑤烟用拉线的接头应粘连牢固，便于设备检测和剔除。

3.3.4 封签

（1）封签的作用。封签用于卷烟软盒开口端，起粘封的作用。

（2）封签的外观指标及技术指标分别见表3-3、表3-4。

表3-3 封签的外观指标

项目	指标
印刷质量	封签要求图案居中，左右、上下端的偏移小于0.25 mm
	封签图案、文字准确，无漏印、错印，套色正确，并符合标准样张的要求
	封签印刷的色相应稳定，图案、字迹清晰，无浮脏，毛点，文字线条清晰、完整，不变形，无花糊
粘连	封签不得粘连
平整度	封签纸张应平整，无皱纹，无影响包装机正常使用的翘边、变形、折皱、残缺条痕
脱色	封签不得掉色、脱色

表3-4 封签的技术指标

项目	指标
异味	不应有影响卷烟香味的异味
裁切、模切尺寸偏差/mm	见标准样张
定量/（g·m^{-2}）	见标准样张
交货水分	5.0%～7.0%
同色色差	同批同色，并与标准样张一致
D65荧光亮度	≤1.0%

（3）封签的包装与标志。封签的包装与标志主要包括：①封签应按类型、规格包装，以一定数量为一个包装单位，不应混装、错装、少装，包装应牢固，每个包装单位中叠放的封签图案方向一致，不得出现倒置封签；②封签包装体内材料数量应符合包装体上标识的数量，且不应少于包装体上标识的数量；③封签包装箱（包）外应粘贴明显的标志，包装箱（包）应有生产企业名称、产品名称、规格、数量、生产日期、包装贮运（向上、防湿、小心轻放等）标志；④封签每个包装单位的表面应粘贴一张与该包装内封签相同的封签。

（4）封签的运输与贮存。封签的运输工具应保持干燥、清洁，无异味；运输过程中应防雨、防潮、防晒、防挤压，不得与有毒、有异味、易燃等物品同车运输；注意轻装、轻卸，严禁摔、扔；不得将包装件从高处扔下，以防损坏。封签应贮存在清洁、干燥、通风、防火的仓库内，保持良好的通风，防止雨雪和地面潮气的影响，不应与有毒、有异味、易燃等物品同时贮存。贮存期限从生产日期起不超过 12 个月。

（5）封签的上机适用性。封签的上机适用性主要包括：①封签的使用性能符合公司卷烟产品要求，适合设备额定的生产条件；②封签应平整，裁切平齐、叠放整齐、方向统一，不应有裁切不断或材料倒放等影响设备运行和产品包装质量的现象；③封签黏合定型良好，在上机过程中封签黏合面不应出现弹开的现象；④封签在上机过程中不应出现油墨爆裂、刮痕、脱色、掉粉等现象。

3.3.5　烟用框架纸

（1）烟用框架纸的定义。烟用框架纸是指用于支撑和定位卷烟硬盒框架的纸张。

（2）烟用框架纸的卫生指标。烟用框架纸的卫生指标主要包括溶剂残留（溶剂残留总量、溶剂杂质）、甲醛含量、邻苯二甲酸酯总量、特定芳香胺总量、二异丙基萘总量、D65 荧光亮度、异味等。

（3）烟用框架纸的物理指标。烟用框架纸的物理指标主要包括宽度，定量，白度，厚度，交货水分，同色色差，卷芯内径，每卷长度，外观（纸卷切边应整齐、洁净，无毛边、卷边、缺边，纸张纤维组织均匀，纸面应平整，不应有斑点和条痕等，纸张色调应一致，同批烟用框架纸不应有明显差别），印刷质量（要求印刷均匀，深浅一致），脱色（不得掉色、脱色），粘连（不得粘连），接头［常规框架纸每卷接头不应超过 1 个，彩色（定位）框架纸每卷接头不应超过 2 个，框架纸接头应采用黑色胶带拼接，接头拼接必须牢固、平整，拼接后不得造成上下层的粘连，纸层之间不应有粘连］。

（4）烟用框架纸的包装与标志。

烟用框架纸的包装：①烟用框架纸应按类型、规格装入托盘或箱，不应混装、错装、少装；②托盘或箱的包装材料应具有防尘、防潮、防污染的功能；③托盘或箱应包装完整，封口牢固。

烟用框架纸的标志：①托盘或箱体上应有产品名称、数量（包括卷盘数、公斤数等）、执行标准编号、生产企业名称、地址、生产日期、生产批号、产品合格证（可以放置在托盘或箱内）、储运安全标志等。②每盘烟用框架纸卷芯内壁和卷盘搭口处应有标签，标签必须以印刷或打印的方式制作。标签粘贴要求牢固，不易脱落。标签的内容包括产品名称、卷盘长度、卷盘宽度、定量、接头数、生产企业名称、生产日期、生产班组、分切、包装、检验工代号等。

（5）烟用框架纸的运输与贮存。

烟用框架纸的运输工具应保持干燥、清洁，无异味；运输过程中应防雨、防潮、防晒、防挤压，不得与有毒、有异味、易燃等物品同车运输；装卸时应轻装、轻卸，严禁摔、扔；不得将包装件从高处扔下，以防损坏。

烟用框架纸应贮存在清洁、干燥、通风、防火的仓库内，堆放应距地面大于或等于100 mm，距库房墙面大于或等于200 mm。产品应避免阳光直射，防止受雨雪、地面潮气的影响；在春、夏季等潮湿天气时，应加强仓库除湿，保持地面、墙面、托板的干燥、洁净，避免产品及其包装受潮、霉变、虫蛀等。烟用框架纸不应与有毒、有异味、易燃等物品同时贮存。贮存期限从生产日期起不超过12个月。

（6）烟用框架纸的上机适用性。烟用框架纸的上机适用性主要包括：①烟用框架纸的使用性能符合公司卷烟产品要求，适合设备额定的生产条件；②烟用框架纸上机后运行状态应平稳，不应有明显跳动、摆动、脱色、掉粉、刮痕、断纸等现象；③烟用框架纸在上机使用过程中应切割顺利，不易产生毛边，成型性能良好，包装过程黏合良好；④烟用框架纸的卷芯应牢固，不易变形，不应脱落；⑤烟用框架纸接头粘连应牢固，粘连处不应透层，接头质量不应影响包装外观，便于设备检测和剔除；⑥烟用框架纸在上机使用过程中不应有因烟用框架纸质量缺陷而影响包装机的正常运行，降低设备运行效率，不应出现烟用框架纸飞纸、断纸、纸盘明显跳动和摆动等异常现象，包装的产品应符合质量要求。

3.3.6 烟用包装膜

（1）烟用包装膜的物理指标。烟用包装膜的物理指标包括异味、宽度、厚度、横向厚度极差、拉伸强度（纵向、横向）、断裂伸长率（纵向、横向）、拉伸弹性模量（纵向）、热收缩率（纵向、横向）、雾度、光泽度、动摩擦系数、热封强度、透湿量、卷芯内径、卷芯壁厚度、每卷长度、卷盘直径等。

（2）烟用包装膜的外观指标。烟用包装膜的外观指标应符合表3-5的要求。

表3-5　烟用包装膜的外观指标

项目	指标要求
膜面	膜面的色泽应透明、光亮、均匀，不应有皱纹、折皱、暴筋、气泡、杂质污染、孔洞、粘连等缺陷，不应有影响使用的松边、紧边或皱边。表面平整，不得变形，同批产品的颜色应一致
卷盘	卷盘应卷绕紧密，盘面平整、洁净，端面不整齐度应小于2 mm；纵向不应有暴筋，端面洁净，不应有划痕、毛边；卷芯不得松动，端面与包装膜端面平齐；卷芯不应有凹陷或缺口，凸出膜卷不得大于2 mm
接头	每卷盘包装膜卷内接头应牢固，有明显标志，每卷接头数不应大于1个
彩膜	彩膜的图案、文字印刷应清晰、完整，套印准确，墨层均匀，不得脱色、掉色，无版伤、版污的现象。彩膜图案的印刷位置应符合设计要求

（3）烟用包装膜的包装与标志。

烟用包装膜的包装：按类型、规格装入托盘或箱，不应混装、错装、少装，每卷烟用包装膜的两端用衬垫保护，使用薄膜包装完好，两端使用塑料堵头塞紧。托盘或箱的包装材料应具有防尘、防潮、防污染的功能。托盘或箱应包装完整，封口牢固。特殊包装由供需双方协商决定。

烟用包装膜的标志：托盘包装或包装箱外应有产品名称、数量（包括卷盘数、每卷长度、规格、公斤数等）、执行标准编号、生产企业名称（属于分切加工的必须注明原产企业名称）、地址、生产日期、生产批号、产品合格证（可以放置在托盘或箱内）、贮运安全标志（向上、防潮、防热、小心轻放）等。每卷盘烟用包装膜卷芯内壁和卷盘搭口处的标签内容包括产品名称，卷盘长度、宽度、型号、厚度，生产日期，生产班组，分切，包装，检查工代号等；标签必须以印刷或打印的方式制作，品名、规格不得手工涂改；标签粘贴在卷芯内壁，要求粘贴牢固，不易脱落；注明有无接头及接头个数。

（4）烟用包装膜的运输与贮存。

烟用包装膜的运输：产品运输工具应保持干燥、清洁，无异味；运输过程中应防潮、防晒、防挤压，不应与有毒、有异味、易燃等物品同车运输；装卸时应小心轻放，不应将包装件从高处扔下，以防损坏。

烟用包装膜的贮存：烟用包装膜应保存在整洁、干燥或符合相关要求的库房内，距热源应大于 2 m，不应受强光直射。

（5）烟用包装膜的上机适用性。烟用包装膜的上机适用性主要包括：①烟用包装膜在上机使用过程中不应有因包装膜质量缺陷而影响包装机的正常运行问题，其设备有效作业率不应低于95%；卷烟的条、盒包装质量应符合产品包装质量要求，不应有因包装膜质量造成的散包、折皱等卷烟包装质量缺陷；②烟用包装膜的使用性能应符合卷烟生产厂家的产品要求，符合设备额定的生产条件；③烟用包装膜上机后运行状态应平稳，不应有明显跳动、摆动的现象，上机展开后不应有拉力不均的现象；④烟用包装膜的热收缩率应尽可能保持均匀，不应出现因包装膜热收缩率均匀性问题，而频繁调整设备美容器的温度；⑤烟用包装膜上机运行不应出现断裂，不因粉尘、静电而影响设备正常运行；⑥烟用包装膜接头粘连牢固，便于设备检测和剔除，接头质量不应影响包装外观。

3.3.7　烟用水基胶

（1）烟用水基胶的定义。烟用水基胶是以水为分散介质的水溶性或水乳液型胶黏剂，主要成分为聚乙酸乙烯酯，用于卷烟接嘴、卷烟搭口、滤棒中线及卷烟包装，可分为参与燃烧水基胶和非参与燃烧水基胶。参与燃烧水基胶是指卷烟搭口所使用的水基胶，非参与燃烧水基胶分为口触部分水基胶和非口触部分水基胶。口触部分水基胶包括卷烟接嘴、搭口、滤棒中线和滤棒成形纸所使用的水基胶；非口触部分水基胶是指条盒包装所使用的水基胶。

（2）烟用水基胶的卫生标准。

非口触部分水基胶：卷烟条与盒包装水基胶的卫生指标主要包括苯、甲苯、乙苯、二甲苯（含邻二甲苯、间二甲苯、对二甲苯）、甲醛、乙酸乙烯酯、铅、砷。

口触部分水基胶：卷烟接嘴水基胶、滤棒中线水基胶的卫生指标主要包括苯、甲苯、乙苯、二甲苯（含邻二甲苯、间二甲苯、对二甲苯）、甲醛、乙酸乙烯酯、铅、砷、邻苯二甲酸酯类物质、烷基酚和烷基酚聚氧乙烯醚类物质、异噻唑啉酮类物质。

（3）烟用水基胶的技术要求及适用性要求。

烟用水基胶的技术要求：烟用水基胶的外观应呈白色均匀乳液状，不应变色，不应有可视异物，不应分层；烟用水基胶的气味呈微酸性，不得有与卷烟不协调的异味。

烟用水基胶的适用性要求：烟用水基胶在使用前应充分平衡，不应出现结胶或黏性下降等影响产品质量的问题，以及喷嘴堵塞、不出胶或粘连不牢固等影响设备运行效率的问题。

3.3.8　烟用热熔胶

（1）烟用热熔胶的定义。烟用热熔胶是在熔融状态下进行涂布，冷却成固态即完成胶接的一种胶黏剂，其性能符合卷烟加工工艺要求，可在卷烟加工中应用，属于符合食品卫生标准的热熔胶黏剂。烟用热熔胶可分滤棒热熔胶和包装热熔胶。

（2）烟用热熔胶的技术要求。烟用热熔胶在常温下应呈浅黄色或乳白色固体颗粒，无异味、无异物和碳化物。烟用热熔胶熔融后为透明或半透明黏稠液体，不含水分，无异物及碳化物，颜色稳定。烟用热熔胶的颜色和粒状要求与标样一致，详见包装热熔胶标样及标样说明。烟用热熔胶应无毒、无害，符合食品卫生标准的相关规定。

（3）烟用热熔胶的包装、标志、运输和贮存。

烟用热熔胶的包装：烟用热熔胶应用牢固、密封、清洁、干燥的塑料桶、纸桶、木桶、铁桶、纸箱或编织袋包装，在装入纸桶、木桶、铁桶、纸箱或编织袋前应使用塑料袋进行小袋密封包装，包装净含量应不少于其标定重量。

烟用热熔胶的标志：在每个包装容器的明显部位上应标明产品名称、牌号、商标、批号、规格、净重、生产日期、生产厂名、厂址、联系电话等。

烟用热熔胶的运输：运输装卸工作应轻抬、轻放，以免破损。在运输过程中不应与有毒或有异味的物品混装、混运，防止日晒、受潮和雨淋。本产品为非危险品。

烟用热熔胶的贮存：烟用热熔胶应存放在阴凉、通风、干燥的场所，防止日晒，隔绝火源，远离热源，不与有毒、有异味的物品混放。烟用热熔胶产品自生产之日起，保质期不应超过1年。

（4）烟用热熔胶的适用性要求。烟用热熔胶的适用性要求包括：①烟用热熔胶使用前应充分平衡，以确保使用质量的稳定；②烟用热熔胶在使用温度范围内满足开机使用的要求，熔融时间不宜过长；③烟用热熔胶在使用过程中不应出现喷嘴堵塞、滴胶或粘贴不牢固等影响上机使用的质量问题；④烟用热熔胶在使用过程中应满足机台易清洁的要求；⑤滤棒搭口胶使用后，应满足滤棒在常温环境下放置6个月无爆口的要求。

3.4　主要质量缺陷分析

3.4.1　本工序主要产品质量缺陷

（1）盒装产品标识类质量缺陷。小盒无钢印或错用钢印；小盒钢印刻破，如小盒钢印字符打穿；小盒钢印倒置、偏移，如小盒钢印字符倒置或偏离，超出标准规定的位置；小盒钢印残缺、模糊。

（2）盒装拉线类质量缺陷。小盒拉线粘贴不牢固或残缺，如拉线脱落或部分残缺、断开、拉不开等；小盒无拉线或拉线错用；小盒拉线印刷缺陷；小盒拉线错口；小盒拉线折皱、拉线头反折、拉线位置偏移或倒置；小盒拉线头位置与开启方向不符；小盒拉线的文字顺序与方向不符。

（3）盒装透明纸类质量缺陷。小盒透明纸漏包、散包，小盒无透明纸，小盒透明纸热封不牢固、破损、有接头、变色、有烫痕或烙痕，小盒透明纸较多、有擦痕、有污渍、长短不一、反折、粘连、出角、超出平面、松紧不适、折皱、烫皱等。

（4）盒装封签类质量缺陷。小盒封签错用，小盒封签较多，小盒无封签，封签粘贴不规范，如封签反贴或贴到烟包其他位置，封签倒贴，封签偏位，封签印刷缺陷，封签式样不符，封签凸出、翘折、折皱、有污渍、残缺、有擦伤、粘贴不牢固。

（5）盒装商标纸类质量缺陷。小盒无商标纸，小盒商标纸错用，小盒商标纸反包、倒包、印刷缺陷，小盒商标纸样式不符，小盒商标纸较多，小盒商标纸残缺，小盒商标纸擦伤，小盒有烫痕、烙痕或压痕，小盒的盒盖打不开，小盒商标纸折皱，小盒商标纸叠角损伤，小盒商标纸爆墨，小盒表面凹陷，小盒错位，烟包警语位置偏移，小盒商标纸翘折，小盒的盒盖漏浆，小盒露白，盒盖接口缝重叠或间隙，盒盖舌头折叠不到位，小盒粘贴不牢固，小盒商标纸有污渍。

（6）盒装内衬纸类质量缺陷。没有内衬纸，内衬纸错用，硬盒内衬纸点浆处无胶或脱胶，内衬纸多张，内衬纸撕片裁切不到位，内衬纸样式不符，内衬纸压花不符，内衬纸折皱，盒盖内衬纸粘连，内衬纸切口有毛渣，内衬纸残缺，内衬纸擦伤，内衬纸有污渍，内衬纸反置，内衬纸折叠不到位，内衬纸偏位，内衬纸有接头。

（7）盒装框架纸类质量缺陷。没有框架纸，框架纸错用，框架纸样式不符，框架纸外漏，框架纸残缺，框架纸擦伤，盒盖框架纸粘连，框架纸反置，框架纸粘贴不牢固，框架纸偏位，框架纸折皱，框架纸翻折，框架纸切口有毛刺，框架纸折切线连接点断裂，框架纸折切线位置未切透，框架纸卡口，框架纸有污渍，框架纸有接头。

（8）盒装其他质量缺陷。小盒内错装、混装卷烟，盒内多支、缺支或短支，小盒严重变形，盒内有断残卷烟，盒内有虫或虫蛀卷烟，小盒烟支粘连，盒内卷烟倒装，盒内烟支排列错误，盒内烟支缩头，小盒外形不方正，盒装内含杂物，盒内烟支皱纹，小盒开启后出现"鳄鱼嘴"。

（9）条盒产品标识类质量缺陷。条盒无钢印或错用钢印，条盒钢印刻破，条盒钢印倒置、偏移，条盒钢印残缺、模糊。

（10）条盒拉线类质量缺陷。条盒无拉线，条盒拉线错用，条盒拉线粘贴不牢固或残缺，条盒拉线印刷缺陷，条盒拉线错口，条盒拉线折皱，条盒拉线头反折，条盒拉线偏移，条盒拉线倒置，条盒拉线头位置、开启方向不符，条盒拉线文字顺序、方向不符。

（11）条盒透明纸类质量缺陷。条盒透明纸漏条、散条，条盒无透明纸，条盒透明纸有接头，条盒透明纸热封不牢固，条盒透明纸破损，条盒透明纸热封变色、有烫痕或烙痕，条盒透明纸多张，条盒透明纸划痕，条盒透明纸有污渍，条盒透明纸长短不一，条盒透明纸反折，条盒透明纸出角（透明纸折叠处超出条盒平面的长度），条盒透明纸折皱，条盒透明纸烫皱，条盒透明纸松紧不适（拉紧后有多余长度或过紧，导致商标纸表面凹陷）。

（12）条盒商标纸类质量缺陷。条盒无商标纸，条盒商标纸错用，条盒商标纸反包、倒包，条盒商标纸印刷缺陷，条盒商标纸样式不符，条盒商标纸较多，条盒商标纸残缺，条盒有烫痕、烙痕或压痕，条盒商标纸爆墨，条盒商标纸有污渍，条盒商标纸折皱，条盒错位，条盒商标纸翘折，条盒漏浆，条盒粘贴不牢固。

（13）条盒其他质量缺陷。条盒错装、混装，条盒缺包，条盒破损，条盒明显变形、内含杂物，条盒内部粘连（条盒长边或横头粘连小包），条盒外形不方正，条盒内烟包倒正装。

3.4.2　包装过程关键部位可能产生的质量缺陷及分布规律

（1）软盒包装机关键部位可能产生的质量缺陷及分布规律。

①挤烟过程可能产生的烟支质量缺陷，如挤烟器过松使烟支受到损伤，缺陷特征或分布规律为缺陷烟支分布于烟组四周，且只存在于固定6支烟支的位置；挤烟器过紧使烟支受到损伤，缺陷特征或分布规律为缺陷烟支分布于烟组中间。

②烟支模盒部位可能产生的烟支质量缺陷，如模盒松动、变形、内部有胶

垢，导致烟支撞皱、刮烂，缺陷特征或分布规律为缺陷烟包总在连续40包烟的某个固定位置。

③一号轮部位可能产生的烟支质量缺陷，如一号轮入口套件位置不正确使烟支受损，缺陷特征或分布规律为缺陷烟支分布于烟组上下两排，有可能每包烟都有缺陷，也有可能随机出现缺陷烟包。

④一号轮模盒和夹钳部位可能产生的质量缺陷，如一号轮模盒和夹钳位置不正确使烟支受损，缺陷特征或分布规律为缺陷烟支分布于烟组上下两排，有可能每包烟都有缺陷，也有可能每隔一包烟出现一次缺陷。

⑤内衬纸输送过程可能产生的质量缺陷，如内衬纸纸刻痕轮造成内衬纸破损，缺陷特征或分布规律为内衬纸有纵向裂痕；内衬纸切刀造成内衬纸歪斜，缺陷特征或分布规律为非连续性；吸风输送带造成内衬纸歪斜，缺陷特征或分布规律为内衬纸搭口不齐或搭口位置不正确；加速轮造成内衬纸歪斜，缺陷特征或分布规律为铝箔纸搭口不齐或包裹不正确。

⑥二号轮部位可能产生的质量缺陷，如模盒尺寸不符导致内衬纸长边搭口面被刮损，使烟支受损，缺陷特征或分布规律为缺陷烟包在连续8包烟中的位置相对固定；折角器导致内衬纸折角破损或折叠不正确甚至烟支损坏，缺陷特征或分布规律为大多发生在商标纸搭口端底部。

⑦商标纸输送部位可能产生的质量缺陷，如商标纸刮花，缺陷特征或分布规律为刮花位置固定；商标纸涂胶位置不准确，缺陷特征或分布规律为缺陷非连续发生；商标纸歪斜或搭口不齐，缺陷特征或分布规律为缺陷烟包没有规律性。

⑧商标纸定位折叠部位可能产生的质量缺陷，如商标纸包裹不正确和搭口不齐，缺陷特征或分布规律为搭口错位方向一致，有规律；商标纸底部折角不方正，缺陷特征或分布规律为只发生于非搭口面折角。

⑨三号轮部位可能产生的质量缺陷，如商标纸侧面刮花，缺陷特征或分布规律为只发生于搭口侧；商标纸搭口不齐，缺陷特征或分布规律为搭口错位方向一致，烟包搭口侧面有挤压痕迹。

⑩四号轮部位可能产生的质量缺陷，如商标纸底部折角不正确，缺陷特征或分布规律为发生在商标纸非搭口面；商标纸底部长边翻折，缺陷特征或分布规律

为非连续性发生缺陷；商标纸刮花，缺陷特征或分布规律为发生在商标纸底部或非搭口侧面；商标纸底部有胶，但商标纸粘贴不牢固，缺陷特征或分布规律为非连续发生缺陷。

⑪封签吸取输送部位可能产生的质量缺陷，如封签表面有划痕，缺陷特征或分布规律为划痕一般贯穿封签印刷面长边；封签歪斜，缺陷特征或分布规律为封签上的两条胶线相对于封签歪斜。

⑫封签下纸部位可能产生的质量缺陷，如封签长短，缺陷特征或分布规律为缺陷发生不连续，无规律；封签歪斜，缺陷特征或分布规律为胶线位置正确，歪斜方向不定。

⑬封签定位、转向、折叠部位可能产生的质量缺陷，如封签长短，缺陷特征或分布规律为长短方向固定；封签歪斜，缺陷特征或分布规律为歪斜方向固定。

（2）硬盒包装机关键部位可能产生的质量缺陷及分布规律。

①压花辊部位可能产生的质量缺陷，如压花不清晰或有皱纹，缺陷特征或分布规律为非连续发生缺陷；压花标志偏移，缺陷特征或分布规律为缺陷发生有规律性。

②内衬纸切割、输送部位可能产生的质量缺陷，如拉舌拉不断、内衬纸搭口不齐，产生的原因有长刀切割不正确，吸风输送带、加速轮部件造成内衬纸歪斜。

③二、三号轮部位可能产生的质量缺陷，如内衬纸烟包侧面搭口边内部烟支折皱，缺陷特征或分布规律为缺陷可能发生在嘴棒端，也可能在烟头端。其他质量缺陷，如内衬纸短边折角不到位，铝箔烟包侧面搭口被刮翻或拉舌被刮破。

④框架纸输送切割部位可能产生的质量缺陷，如框架纸割痕不居中，框架纸偏短，框架纸切口有毛刺。

⑤商标纸输送、涂胶部位可能产生的质量缺陷，如商标纸钢印模糊，商标纸涂胶不好，商标纸上有压痕，缺陷特征或分布规律为压痕垂直于烟包高度方向。

⑥五号轮部位可能产生的质量缺陷，如商标纸小页外漏，烟包缺翻盖，商标纸刮花，烟包侧面漏白。

⑦六、七号轮部位可能产生的质量缺陷，如商标烟包侧面被刮花、刮翻，烟

包侧面粘贴不好、刮花。

⑧八号轮及输出部位可能产生的质量缺陷，如烟包碰皱，烟包侧面被刮翻，烟包被挤扁。

3.4.3　包装关键质量缺陷分析

（1）断残烟支。原因分析：包装一号轮夹钳变形，烟支从一号轮转动至二号轮时被打烂。处置措施：检查一号轮夹钳，调整或更换变形、损坏的部件。

（2）烟支表面有压痕。原因分析：卸盘机烟支输送堵塞，造成烟支挤皱；压烟随动板行程过小，压皱烟支；烟支模盒变形、损坏，碰皱烟支；一号轮入口过桥变形、磨损，碰皱烟支；一号轮夹钳过紧，夹皱烟支；一号轮模盒变形，碰皱烟支；一至二号轮推接烟杆的间距过小，挤皱烟支；X2二号轮夹紧脚变形，夹皱烟支；X1四号轮出口接烟杆的行程过大，挤皱烟支；烟包在小玻机烙铁处停机时间过长，导致烟包变形。处置措施：检查烟支输送带，调整皮带张紧度或更换磨损的输送带；调整压烟板行程；修整或更换烟支模盒；调整过桥，更换磨损件；调整一号轮夹钳；更换一号轮模板；调整推接烟杆的行程；更换X2变形、磨损的二号轮夹紧脚；调整X1四号轮出口接烟杆的行程；缩短停机剔烟的时间，手动剔出烙铁处的烟包。

（3）烟支破损。原因分析：烟支在输送带上被刮破。处置措施：检查烟支输送带，更换磨损皮带；检查烟支输送转角处的过渡导板，调整导板位置。

（4）小盒透明纸破损（X1）。原因分析：烟包在烙铁处停机时间较长，烫损烟包；小玻机烙铁超温；烙铁间隙过小。处置措施：缩短停机剔烟的时间，增加剔除量，当停机时间较长时，手动剔除烟包检查；调整烙铁温度，更换损坏的热电耦或烙铁；调整烙铁间隙。

（5）商标纸翻折（X2）。原因分析：商标纸折叠不到位，输送通道较脏，有胶水。处理措施：清洁商标纸输送折叠通道。

（6）商标纸划伤。原因分析：商标纸输送通道、烟包输送通道较脏。处置措施：清洁商标纸输送通道及烟包输送通道。

（7）烟包底部透明纸泡角。原因分析：玻纸折叠成形不好。处置措施：调整玻纸折叠成形通道。

（8）烟包错口（X1）。原因分析：商标纸输送通道较脏，输送辊磨损，商标纸定位块变位，内移机构推块变位。处置措施：清洁输送通道，更换输送辊，调整定位块，调整内移机构。

（9）烟包铝纸底、顶部漏烟。原因分析：铝纸短，铝纸折叠成形不好。处置措施：调整铝纸长短及铝纸折叠器。

（10）小盒拉线拉断。原因分析：拉线偏移，切断刀切至金拉线；切断固定刀缺口的位置不正确。处置措施：调整拉线的位置，更换缺口位置正确的切断刀。

（11）小盒拉线头打折。原因分析：拉线头过长，提升过程拉线头翻折；玻纸侧边搭口位置调整不正确；提升通道较脏。处置措施：调整拉线"U"形刀的位置，调整玻纸的速度；清洁提升通道。

（12）小盒拉线错口。原因分析：成形轮入口调节不当，切断刀、"U"形刀切不断，玻纸输送辊磨损，烟包变形。处置措施：正确调整成形轮入口位置，调整或更换切刀，更换输送辊，调整烟包成形。

（13）小盒盒盖打不开。原因分析：商标纸侧边涂胶量过大，漏胶；商标纸侧边涂胶位置偏移至盒盖端；盒盖折翼翻出。处置措施：调整涂胶量、上胶凸轮的位置，以及折翼折叠。

（14）小盒斜角露白。原因分析：商标纸规格不标准；涂胶量不正确；商标纸折叠调整不当；商标纸折叠通道较脏，烟包输送通道较脏；七号轮的间距、温度调节不当。处置措施：更换材料，调整涂胶量，调整折叠的商标纸，清洁通道，正确调整七号轮的间距和温度。

（15）商标纸歪斜、破损。原因分析：商标纸输送通道较脏，商标纸内移机构或限位块变位，商标纸折叠通道较脏，四号轮弹片变形或有异物。处置措施：清洁商标纸输送通道，调整商标纸内移机构或限位块，清洁商标纸折叠通道，清理四号轮。

（16）封签歪斜。原因分析：封签涂胶不佳，封签输送通道较脏，吸风真空堵塞，四号轮出口调整不当。处置措施：调整涂胶量，清洁通道，清洁吸风管道，调整四号轮出口。

（17）硬盒商标纸翻折。原因分析：材料成型性差，折叠后弹开；盒盖折翼折叠间隙大，折叠不佳；商标纸输送通道较脏，折翼翻出。处置措施：更换材料，调整盒盖折翼折叠间隙，清洁商标纸输送通道。

（18）小盒透明纸破损（飞纸）。原因分析：透明纸切刀不断，小玻成形轮吸风堵塞，玻纸侧边折叠、弧形板调整不当，下纸导板吹风大小调整不当，小玻成形轮模盒调整不当。处置措施：调整或更换玻纸切刀，清理成形吸风，调整侧边折叠及弧形板，调整吹风大小，调整成形轮模盒。

（19）小盒透明纸侧边粘贴不牢固。原因分析：侧封烙铁烧坏，侧封烙铁调整不当，侧封烙铁气缸损坏，侧封烙铁气缸气路漏气。处置措施：更换烙铁，正确调整烙铁的位置，更换气缸，检查气路。

（20）条盒透明纸飞纸。原因分析：玻纸切刀切不断，玻纸输送不到位，透明纸静电大，玻透明纸夹钳夹纸不到位，透明纸折叠不到位。处置措施：调整或更换切刀，更换或调整输送辊，更换条盒透明纸或多加装一个静电消除装置，更换或调整条盒透明纸夹钳，调整透明纸折叠。

3.5 工艺质量控制要求

3.5.1 质量控制保障要求

（1）生产前人员的准备工作。按照规定准时上班，通过班前会、交班本或其他信息传递工具了解上一班的生产情况、设备运行情况和质量控制情况，如中班上班，须与上一班的操作人员进行当面信息交接；人员正确着装，并佩戴耳塞等安全防护装置。

（2）设备保障准备。检查并打开设备生产所需的气源，然后进行生产前的设备保养工作。GDX1 机组白班、中班生产前的保养工作分别见表 3-6、表 3-7，GDX2 机组白班、中班生产前的保养工作分别见表 3-8、表 3-9，CH、CT、CV

机组白班生产前的保养工作见表 3-10。

表 3-6 GDX1 机组白班生产前的保养工作

项目	保养内容	使用工具或方式	要求及注意事项	保养目标
拆卸相关零部件	取下主真空管过滤器芯	手动	将拆卸的零件整齐地放置在机台柜面上，注意人身和设备零件安全	摆放整齐
	拆卸铝箔纸吸风过滤罩组件		将拆卸的零件整齐地放置在机台柜面上，注意人身和设备零件安全	
	拆卸铝箔纸吸风总成螺丝	5 mm 内六角扳手	将拆卸的零件整齐地放置在机台柜面上，注意人身和设备零件安全	
	取下商标纸加速组件	10 mm 内六角扳手		
	拉出商标纸定位组件			
设备清吹	清吹储支筒烟支下降通道及通道抽屉	风枪	注意人身和设备安全	表面清洁，无烟支、烟末
	清吹第一推进器周围			
	清吹一号轮周围			
	清吹铝箔纸吸风总成	风枪、抹布	清理内部吸风通道及吸风带表面	气路畅通
	清吹商标纸输送通道		注意人身和设备安全	表面清洁，无灰尘、纸屑
	清吹主真空管过滤器芯		清理主真空管过滤器芯	无粉尘、油污，气路畅通
	清吹铝箔纸真空过滤器	风枪	注意人身和设备安全	气路畅通
	清吹封签吸风轮管路			

续表

项目	保养内容	使用工具或方式	要求及注意事项	保养目标
清洁保养	清洁烟支剔除处的接盘	手动	倒出接盘内的烟支、烟末	接盘内部清洁，并摆放到位
	清洁商标纸输送下方的接盘		倒出接盘内的烟支、烟末、纸屑	
	清洁商标纸加速组件	钩刀、抹布	使用湿抹布和钩刀清理胶垢	无胶垢、杂物
	清洁商标纸定位组件			
	清洁封签输送通道、轴承、定位框			
	四号轮出口及四、五号轮通道		注意避免高温烫伤	
部件安装	安装商标纸胶缸	手动	按下下胶按钮	安装正确、到位
	安装封签胶缸			
	安装主真空管过滤器芯		手柄螺母预紧力适中	
	安装铝箔纸吸风总成螺丝	5 mm 内六角扳手	螺丝预紧力适中	
	安装铝箔纸吸风过滤罩组件	手动	手柄螺母预紧力适中	
	安装商标纸加速组件	10 mm 内六角扳手	螺丝预紧力适中	
	安装商标纸定位组件	手动	手柄螺母预紧力适中	
开机准备	开启机组负压开关	手动	观察负压表指针是否在标准范围内	盘车不紧滞
	盘车检查		合上烟支离合器，并盘车3个模盒以上	

表 3-7　GDX1 机组中班生产前的保养工作

项目	保养内容	使用工具或方式	要求及注意事项	保养目标
设备清吹	清吹第一推进器周围	风枪	使用风枪轻吹，注意人身和设备安全	表面清洁，无烟支、烟末
	清吹一号轮周围		注意人身和设备安全	
	清吹储支筒烟支下降通道			
	清吹储支筒下降通道附属抽屉	手动		内部无残留
	清吹烟支剔除处的接盘		倒出接盘内的烟支、烟末	接盘内部清洁，摆放到位
	清吹商标纸输送下方的接盘		倒出接盘内的烟支、烟末、纸屑	
清洁保养	清洁商标纸加速辊组件、定位框	钩刀、抹布	取下商标纸加速辊组件后，使用钩刀和湿抹布清理胶垢，勿用清洗剂直接清洁设备，防止输送轴承损坏	表面清洁，无胶垢
	清洁封签输送通道、封签 F 吸风叉、封签接纸盒		使用钩刀和湿抹布清理胶垢，勿用清洗剂直接清洁设备，避免输送轴承受腐蚀而损坏	
	清洁商标纸热熔胶喷头及商标纸输送通道	镊子、钩刀、抹布	注意避免高温烫伤	去除胶垢、上胶均匀
	清洁封签纸胶缸胶垢		移出封签纸胶缸，注意人身和设备安全，清理完毕后将胶缸安装到位	
部件安装	安装商标纸加速辊组件	10 mm 内六角扳手	螺丝预紧力适中	
	开启负压	手动		
	更换钢号	3 mm、4 mm 内六角扳手		钢号清晰、正确
开机准备	盘车检查，开启设备		盘车后低速启动，开机时应注意观察设备的状况	设备运行正常

表 3-8　GDX2 机组白班生产前的保养工作

项目	保养内容	使用工具或方式	要求及注意事项	保养目标
保养前的准备	开启电源及各烙铁开关			
	开启正压	手动		
安装部件	清理商标纸胶缸的胶垢和商标纸胶缸安装位置周边的胶垢	手动	胶阀喷嘴，胶缸胶皮	
	安装商标纸胶缸并按下下胶按钮			
设备清吹	清吹储支筒烟支下降通道	风枪	注意人身和设备安全	表面清洁，无烟支、烟末
	清吹第一推进器周围			
	清吹一号轮周围			
	清吹铝箔纸吸风总成	风枪、抹布	清理内部吸风通道及吸风带表面	气路畅通
	清吹商标纸输送通道		注意人身和设备安全	表面清洁，无灰尘、纸屑
	清吹主真空管过滤器芯	风枪	清理过滤器芯	无粉尘、油污，气路畅通
	清吹铝箔纸真空过滤器		注意人身和设备安全	气路畅通
	清吹框架纸真空过滤器			
	清吹三号至八号轮及轮体周围			表面清洁，无烟支、烟末
	清吹整机地面烟支与烟灰			无灰尘、烟沙、残留物
	清吹其他设备表面			表面清洁，无烟支、烟末

续表

项目	保养内容	使用工具或方式	要求及注意事项	保养目标
清洁保养	清洁内衬纸输送通道	钩刀、抹布	清洁导纸板、切刀和吸风带表面	表面清洁，无胶垢、油污
	清理三、四号轮下方污垢		清洁烟沙、胶垢、油污	
	清洁五号轮、折叠轨道、半圆板		清洁烟沙、胶垢	表面清洁，无胶垢
	清洁商标纸滑动平台及小滑车			
	清洁商标纸纵向输送通道及各输送辊			
	清洁五、六号轮套口		拆卸端部盖板，完成拆卸后安装挡板	
	清洁六号至八号轮模盒		盘车用湿抹布清洁，避免用钩刀刮花模盒	
	清洁六、七号轮套口		打开套口装置活动挡板进行清洁，完成清洁后关好挡板	
	清洁八号轮出口上下导轨		打开上导轨进行清洁，完成清洁后闭合上导轨	
开机准备	开启负压	手动		
	更换钢号	专用工具		钢号清晰、正确
	安装各种辅料	手动		
	盘车检查，开启设备		盘车后低速启动，开机时须注意观察设备状况	设备运行正常

表 3-9 GDX2 机组中班生产前的保养工作

项目	保养内容	使用工具或方式	要求及注意事项	保养目标
设备清吹	清吹储支筒烟支下降通道	风枪	注意人身和设备安全	表面清洁，无烟支、烟末
	清吹储支筒下降通道附属抽屉	手动		内部无遗留
	清吹第一推进器周围	手动、风枪轻吹	注意人身和设备安全	表面清洁，无烟支、烟末
	清吹一号轮周围			
	清吹二至七号轮底部	风枪轻吹、抹布		表面清洁，无灰尘、纸屑、烟支、烟包
	清吹烟支剔除处烟盘	手动	倒出烟盘内的烟支、烟末	烟盘内部清洁，并摆放到位
	清吹三号轮剔除处烟盘		倒出烟盘内的烟支、烟末、纸屑	
清洁保养	清洁商标纸纵向通道输送辊、导轨	钩刀、抹布	打开纵向通道上部装置，保养时注意人身和设备安全，清洁完毕合上纵向通道上部装置	表面清洁，无胶垢
	清洁商标纸第二横向输送装置		打开装置上方活动压板，完成后关闭活动压板	
	清洁五号轮固定、活动折叠器		拉开五号轮右侧弧形导板，完成后关好弧形导板	
	清洁商标纸胶缸胶垢	镊子、钩刀、抹布	移出商标纸胶缸，取出上方盖板，注意人身和设备安全，清理完毕后将胶缸安装到位	去除胶垢，上胶均匀
	清洁商标纸胶缸对衬辊	4mm扳手、抹布	拆除防护罩，注意人身和设备安全，清理完毕后将防护罩安装到位	去除胶垢
开机准备	开启负压	手动		钢号清晰、正确
	更换钢号	专用工具		
	盘车检查，开启设备		盘车后低速启动，开机时应注意观察设备状况	设备运行正常

表 3-10　CH、CT、CV 机组白班生产前的保养工作

项目	保养内容	使用工具或方式	要求及注意事项	保养目标
保养前的准备	打开正压	手动		
	清理条盒上胶块、条盒胶缸胶垢后安装胶缸到位，并按下下胶按钮			
设备清吹	清吹小玻机烟包输送通道	风枪	注意人身和设备安全	表面清洁，无残留物
	清吹成形轮下方周围			
	清吹烟条输送通道			
	清吹下游机设备表面及地面			
清洁保养	清洁 CH 入口推杆处	抹布	注意人身和设备安全	表面清洁，无油污
	清洁 CH 金拉线辊	钩刀、抹布	使用钩刀、抹布清洁	
	清洁 CH 透明纸输送辊	抹布	使用抹布清洁	表面清洁
	清洁 CH 透明纸输送导板			
	清洁 CH 成形轮折叠套口			
	清洁 CH 侧面烙铁		注意高温烫伤	
	清洁 CH 端面烙铁			
	清洁 CH 成形轮（每周二、周四、周六进行拆卸清洁）	风枪、抹布	清洁成形轮气孔	气路畅通
	清洁小盒透明纸端部折叠通道		取下外侧端部折叠通道，用风枪清洁折叠通道	表面清洁，通道无粉尘、积垢
	清洁 CT 烟条推板、底板下方	抹布	使用抹布清洁	表面清洁，无胶垢
	清洁条盒输送折叠通道			地面无落地烟支与烟灰
	清洁 CV 拉线辊	钩刀、抹布	使用钩刀、抹布清洁	表面清洁
	清洁条盒长封烙铁、端部烫封烙铁	抹布	注意高温烫伤	
	清洁条玻美容器烙铁			
	清洁辅机整机（成形轮下方、条玻夹钳下方）		使用抹布清洁	表面清洁，无油垢

续表

项目	保养内容	使用工具或方式	要求及注意事项	保养目标
清洁保养	清理整机地面烟支与烟灰	风枪、扫帚		地面清洁，无残留物
	清理整机防护罩壳及有机玻璃表面	抹布	使用抹布清洁	表面清洁，无灰尘
开机准备	开启负压		开关到位	
	更换钢号	专用工具		钢号清晰、正确
	安装各种辅料			
	盘车检查，开启设备		盘车后低速启动，开机时应注意观察设备状况	设备运行正常

（3）材料保障准备。根据产品标准核对机组各类材料是否与当前生产牌号相符；检查表面一层卷状材料的内标、外标是否与产品标准一致，安装商标纸胶缸组件并注胶（冷胶），检查GDX1软盒机组热熔胶胶缸温度及缸内胶量，GDX1机组安装封签胶缸组件并注胶，安装条盒胶缸组件并检查清洁凝结胶皮胶垢；根据包装需求安装各类生产辅材。

（4）相关工具及器具准备。核对机组使用的标识牌、工艺卡等是否与当前生产的牌号相符；核对机组配备的各种维修工具是否齐全；核查现场使用的钩刀、钢尺、剪刀、镊子等辅助工具是否齐全；核对现场使用的缺陷产品标样是否齐全；核对现场留存的成品、半成品等数量是否与标识相符。

（5）生产现场环境准备。确保现场温度、湿度满足生产需要的工艺条件；确保现场噪声、粉尘满足安全生产条件；核对生产牌号标识，成品、半成品标识，待处理品标识，等等。

（6）生产前检测装置、质量验证准备。对图像检测装置、缺包检测装置等的安装校验要求进行点检、验证；按照质量检查要求，在烟条出口取样，并按照全检要求进行产品质量的班前检。

3.5.2　产品质量检查要求

（1）开机后首次检查。

①在烟包过道（或烟包出口）抽取两盒烟包，检查钢印。

②连续观察小盒推烟板1 min，查看推烟板是否运行正常，烟包是否被推到位，是否存在移位现象。

③在条烟出口处取16条卷烟，第16条全检至烟支，检验合格后正常流入下一道工序，本班第1至第5条（按条盒钢印算）检查至烟包外观，其他检查到烟条外观，检查合格后再正常转序。

（2）包装挡车岗位检查。

①卷包挡车工5 min岗位检查。每隔5 min从烟包过道连续取7包烟包，软盒产品检查烟包外观、烟包表面、内衬纸、封签等，硬盒产品检查烟包外观、钢印（检查7包烟包）、内衬纸顶部折叠、内衬纸压花、框架纸（检查2包烟包）等。

②卷包挡车工10 min岗位检查。每隔10 min从烟包过道连续取两包烟包，软盒产品检查烟包外观、封签和盒皮浆点、钢印、内衬纸、烟支外观等；硬盒产品检查烟包外观、钢印、内衬纸折叠（顶部和底部）、内衬纸压花、框架纸、盒皮浆点、烟支外观等。

（3）卷包副挡车工岗位检查。每隔10 min在条烟出口通道连续观察5条烟条，并检查烟条的外观；在条烟出口处取一条烟条，检查烟条的外观，如条盒透明纸外观、粘贴效果，条盒外观、钢印、拉线、字体方向等；软盒产品的卷包副挡车工从加烟库下方取6包烟包，检查烟包的外观，如小盒透明纸外观、粘贴效果、盒皮、封签、内衬纸、拉线外观、字体方向等；硬盒产品的卷包副挡车工从加烟库下方取6包烟包，检查烟包的外观，如小盒透明纸外观、粘贴效果、小盒拉线、字体方向等。

（4）产品全检（交叉检验）。包装挡车工及卷包副挡车工每隔30 min从条烟出口处取5条烟条检查外观，取其中1条按全检要求检查至烟支，如有储烟圆筒，则对储烟圆筒内的烟包均匀抽检10包进行观察，查看是否有异常。包装挡车工及卷包副挡车工交叉全检（整点或半点）；每个岗位60 min全检一次。

（5）餐间检查。

①餐前检查。每位就餐人员在餐前 10 min 时按照全检要求取 1 条烟条进行检查。

②餐间岗位检查。就餐期间，在岗人员每 10 min 从条烟出口处取 1 条烟条进行检查，查看烟条外观、烟包外观质量后随机取 4 包烟检查至烟支外观质量。

③餐后检查。餐后到岗 5 min 内，按照全检要求进行全检。

（6）材料检查。

①使用材料加料前检查。检查商标纸的外观是否与工艺卡一致。检查卷状材料的表面、内标或外标是否与工艺卡上的标样和指标一致。

②更换内衬纸。更换内衬纸后，在内衬纸架和内衬纸折叠处观察内衬纸的运行是否平稳；观察内衬纸是否有长短现象。同时，在烟包过道连续取 7 包烟包，观察内衬纸的折叠是否正常，是否有长短现象，内衬纸是否有油污等。

③更换拉线。更换拉线后，在加烟库下方连续取 4 包烟包，目测拉线位置、字体方向、裁切等是否正确。

④更换盒装透明纸。更换盒装透明纸后，在加烟库下方连续取 10 包烟包，观察导纸辊上小玻纸的运行位置是否准确；检查小玻纸长短、外观及粘贴效果等；检查接头是否剔除。

⑤更换条盒透明纸。更换条盒透明纸后，在条烟出口处连续取 5 条烟条，更换条玻纸前，应打下条烟出口挡板；将条玻纸接头取出，在条玻纸接头后连续取 5 条烟条，查看烟条外观、条拉线位置、拉线字体方向、条玻纸粘贴效果等，全部合格后再转序。

⑥更换条盒拉线。更换条盒拉线后，在条烟出口处的反光镜观察拉线，取 1 条烟条检查拉线的字体方向、裁切、位置是否正常。

（7）特殊时段检查。

①在烟包过道连续取 14 包烟包，检查内衬纸的折叠是否正常、内衬纸的表面是否有油污。

②更换和调整内衬纸钢印后在烟包过道连续取 7 包烟包，更换、调整条盒钢印后在条烟出口处连续取 10 条烟条，检查钢印编码、钢印安装是否正常，以及钢印位置和钢印深浅的情况。更换条盒钢印后需观察钢印打印的情况，避免出现

钢印松动、脱落等现象。

（8）FOCKE FX2 型高速包装机组质量检查。

①班前检查。检查生产牌号标识，成品、半成品标识，待处理品标识，工艺卡，等等；检查材料托盘上的材料外观是否与生产牌号相符，是否与工艺卡一致；检查表面一层卷状材料的内标、外标是否与工艺卡一致；核对胶水牌名是否符合工艺标准。

②开机后首次检查。开机后从烟包输送通道取 8 包烟包（含内外烟道烟包），从烟包外观（包含小盒钢印、烟包刮伤、变形等）检查到烟支，重点关注铝纸成形（折皱变形）、小盒粘贴（粘贴不牢、弹开）、卡纸粘贴（卡纸错位）、烟支外观（外观变形）等；在第二干燥鼓连续观察 1 min，观察进入干燥鼓的烟包是否存在变形、刮伤的情况；从小玻机剔除口人工打出部分烟包，内外道各取 4 包烟包，观察烟包外观（小玻纸外观，玻纸粘贴效果，小盒、小盒拉线、字体方向等）；在条烟出口处抽取 25 条烟条，检查烟条的外观，从中抽取前 5 条烟条，检查至烟包外观，取内外道烟包各 5 包烟条，检查纸烟支的外观。

③卷包挡车工岗位检查。在第二干燥鼓及烟包通道每 5 min 连续观察 10 个工位，观察进入干燥鼓的烟包是否存在变形、刮伤的情况；从烟包通道取 3 盒烟包检查外观；每 10 min 手动剔除内外通道烟包各 4 包，检查烟包外观、钢印、铝纸折叠（顶部和底部）、铝纸裹包、卡纸成型、盒皮浆点、烟支外观等。

④卷包副挡车工岗位检查。在烟包过道每 5 min 观察烟包的外观（连续观察 10 次出烟情况，观察准备进入条盒的烟包是否存在变形、刮伤的情况）；在条烟出口处每 10 min 取 5 条烟条，检查烟条外观（条玻纸外观、条玻纸粘贴效果、条盒外观、条盒钢印、条玻拉线等），取其中连续的 2 条烟包（需含内外道烟包）检查烟包外观。

⑤全检（交叉检验）。在条烟出口处每 20 min 取 5 条烟条，检查 5 条烟条的外观，取连续的 2 条烟条进行全面检查，条内需含有内外道烟包，每道烟包随机取 5 包，检查至烟支外观。

⑥班后检查。下班停机后在条烟出口处检查烟条外观，从中随机抽取 5 条烟条，检查至烟包外观，取内外道烟包各 5 包，检查至烟支外观。

⑦材料检查。

a. 请料。请料出库到机台，在材料托盘上对材料及工艺卡进行核对，并检查材料配盘记录表是否符合，再签字确认。

b. 加料前。检查商标纸的外观是否与工艺卡一致，检查卷状材料表面、外标、内标是否与工艺卡上的标样和指标一致。

c. 材料更换检查。更换内衬纸后观察铝纸运行是否平稳，观察内衬纸是否有长短现象，检查铝纸更换空位前9包、后9包烟包，检查内衬纸的折叠是否正常，是否有长短现象，铝纸压花是否正常，铝纸表面是否有油污。在框架纸输送通道观察卡纸输送是否正常，在剔除桶内检查卡纸接头，在主机剔除桶内检查卡纸拼接剔除的2包烟包，取一条烟条检查卡纸裁切、位置与粘贴情况。在小玻剔除口下方，连续目测8包烟包的拉线位置、裁切等是否正确。在小玻剔除口下方，连续观察10包烟包，检查导纸辊上小玻纸的运行位置是否准确，接头是否剔除，以及内外通道烟包小玻纸长短、外观及粘贴效果等。在条烟出口处连续取5条烟条，查看烟条外观、条拉线位置、条拉线方向、条玻纸粘贴效果等，全部合格后再转序，将条玻纸接头取出，合格烟条可正常转序。在条烟提升塔处观察拉线位置，取1条烟条检查拉线方向、裁切、位置等。更换小盒钢印后在烟包过道连续取10包烟包，更换条盒钢印后在条烟出口处连续取10条以上烟条，检查钢印编码、钢印安装是否正常，以及钢印位置和钢印深浅情况。更换条盒钢印后需观察钢印打印情况，避免出现钢印松动、脱落等现象。设备维修、停机后重新开机，停机5 min以上，应接出20条烟条进行检查，由烟条外观检查到烟包外观。

3.5.3 信息流转管控要求

（1）生产信息流转要求。

①车间生产管理人员应不定时与生产调度科做好生产信息的沟通和协调，并将信息向主管领导汇报，再将确定的生产信息在车间范围内通报。

②车间生产管理人员通过网络或纸质等形式对车间内部生产信息进行传递和下达。设备人员根据生产信息，及时安排维修人员进行设备改造或调试，并对调

试过程及结果进行跟踪、验证，确保设备尽快调试正常，使生产顺利进行。

③班组管理人员接收到生产信息时，如需签字的须及时对所接收到的信息进行签字确认，对于信息交接不清楚的部分须及时与信息发出者进行沟通和确认。

（2）质量信息流转要求。

①当机台在自检过程中发现产品存在质量缺陷时，应第一时间通知跟班工艺员，跟班工艺员初步判定质量缺陷的类别、数量后，及时进行处理和反馈。

②需要启动质量追溯程序的跟班工艺员须组织相关人员对质量缺陷可能涉及的地方进行分析，隔离相关产品后，将信息及时反馈给相关跟班工艺员和车间工艺员。跟班工艺员须在发生质量追溯的 3 个工作日内组织召开质量分析会，查找原因、制定措施，并判定责任类别、确定责任人及提出考核建议等，最后形成案例分析报告，报车间备案。

③在每日生产中，班组管理人员按照工作分工开展产品质量巡检，对于影响产品质量的问题应及时组织相关人员进行处理，并将处置情况反馈至跟班工艺员，跟班工艺员对质量情况进行记录和反馈。

（3）材料信息流转要求。

①大班管理人员发现误用原辅材料，应立即核查所有可能关联的区域，以彻底追溯为原则，立即进行处理。及时向车间工艺员反馈，车间工艺员收到信息后及时向主管领导汇报。

②材料上机后发现缺陷且影响产品质量的，应先停机，控制已生产的产品，并召集技术人员初步分析缺陷的原因，同时通报车间工艺员、质量检验科等相关人员；若影响正常生产进度超过规定时间的，应及时向车间工艺员、生产调度科反馈，车间工艺员收到信息后立即进行现场调研，并与相关部门进行沟通，同时汇报主管领导。

③当能够明确认定为批量材料缺陷时，班组管理人员应指导机台暂停使用材料，并立即向车间工艺员、质量检验科、生产调度科通报，车间工艺员收到信息后立即向主管领导汇报，等待生产指令。在无法进行信息反馈时，则更换不同生产批次或生产日期的材料。

3.5.4 管理人员管控要求

（1）跟班工艺人员工作内容。按照工艺检查要求开展大班的工艺检查工作；负责本班人员的工艺质量培训；负责对本班每月的工艺质量进行分析，并形成工艺分析报告；负责对本班的产品自检、现场工艺标识、工艺纪律执行、重要质量检测设备的有效性等工艺质量控制点位进行检查；负责对本班的工艺质量情况进行判定，召开质量分析会，并及时处理出现的工艺质量问题；及时反馈工艺质量控制情况，并进行记录。

①班前工作内容。

a. 交班记录的查阅。提前 20 min 到达车间，查阅上一班的跟班工艺员交班记录、质量控制情况，如有疑问应及时与上一班的跟班工艺员进行沟通。

b. 交流与沟通。与上一班的跟班工艺员进行沟通，了解上一班的材料使用、设备运行改造、工艺质量控制、遗留问题、生产换牌等情况，并根据生产情况准备几台需要更换的钢印，同时接收车间工艺员传达的相关信息。

c. 信息的传达。根据了解到的信息，在大班管理人员会议及班前会上进行通报。

d. 钢印的发放。根据生产情况准备钢印，按照钢印标准和管理要求及时发放、回收及记录钢印。

e. 根据生产情况组织工艺培训。

②班中工作内容。

a. 送丝及辅助区域检查。跟班工艺员检查送丝交班本，以及卷包车间储丝房物料管理卡，并核对标识；检查过条房内是否有成品和半成品，过条设备上材料与标识是否相符，材料存放区的材料与材料标识是否相符、数量是否符合等；检查废支存放处的标识是否正确，标识与废支是否一致。

b. 机台正常生产后，跟班工艺员与大班管理人员进行首次检查（第一次巡检），对机台产品质量、设备参数、自检执行情况、现场标识情况进行检查。在整个生产班次中，跟班工艺员需对所负责的区域进行 3 次巡检，重点检查设备状态、工艺纪律执行、机台人员自检、上一班机台曾经出现的质量问题、顶岗人员的工作情况、现场质量控制情况等。在进行第三次质量巡检时，重点关注当班出现的质量问题、设备维修、设备保养机台。

c. 在生产过程中，跟班工艺员需对图像检测装置的点检情况进行点检和抽查，记录抽查结果，对卷接工序的参数进行检查，并填写相关记录。每天检查所负责区域的虫情，并填写相关记录。

d. 在生产过程中，随时协调处理各点位反馈的质量问题，对于质检组、合作厂家及工艺质量部门人员等反馈的问题应及时进行检查、处置、反馈和记录。

e. 如遇生产换牌的情况，跟班工艺员与大班管理人员应分工协作，保证换牌操作有序进行、换牌后产品质量可控。

③下班前后工作要求。下班前汇总本班的质量控制情况并填写记录，与下一班的工艺员进行交流，把本班的生产、工艺质量控制情况通报给下一班次。下班时检查平衡房内本班待处理品的存放、标识情况。

④常规工作内容。

a. 工艺质量问题处理。当班中出现质量问题时，应根据质量缺陷判定是否需要进行质量追溯，如需追溯，应按要求组织进行追溯，组织召开分析会，并把整改材料及考核意见在质量事件发生后的 3 个工作日内发送至车间工艺技术员处。

b. 在每月 7 个工作日内，跟班工艺员负责对大班上个月的质量控制情况进行汇总和分析，形成分析报告。

c. 组织开展本班的工艺检查，每月检查频次不少于 4 次，检查后通报检查情况，上报每周工艺检查结果。

d. 协助技术中心抽取三级站监督样。

e. 每天检查成品库锁烟情况，要求进行质量追溯操作、处置、反馈和记录。

（2）跟班管理人员工作内容。

①班前工作内容。

a. 信息收集。班组长提前 20 min 到达车间，查看交班记录、生产安排、工艺通知等内容，通过与上一班的管理人员进行信息交流等，了解上一班的生产安排、设备运行、材料使用、质量控制等情况，特别关注生产安排的调整。

b. 组织召开班组管理人员班前会。跟班工艺员了解上一班各条线的生产、设备、质量控制的情况，并向其他管理人员通报所获得的信息。同时，根据生产变化及人员请假情况，合理调配人员。

②班中工作内容。

a. 人员到位率检查。根据生产安排（机台人员更换、顶岗情况），到现场检查人员到位情况。

b. 上一班遗留问题处理。针对上一班未处理完毕的工作，应及时进行处理。

c. 现场巡查。检查内容包括"6S"执行情况、工艺纪律执行情况、生产安排落实情况、员工的工作状态、新产品或换牌时培训情况、生产安全情况等。同时，了解生产情况及人员到位情况，保证人员到位率。对于巡检过程中发现上一班遗留的问题，应及时进行处理，同时根据问题实际情况反馈至车间领导或车间工艺员、设备员处。其他管理人员在巡检过程中如发现工艺质量问题不能及时解决，应及时反馈至跟班工艺员，保证生产的有序、正常进行。根据生产情况，每班对车间机台材料进行抽查，保证材料使用的正确性。

d. 针对巡检发现的问题，制定相应的整改措施，并通报其他班组管理人员；根据检查人员到位情况，对人员安排进行适当的调整。

e. 处理接收的文件，以及领导和车间管理人员交办的各项临时工作。

f. 检查时发现的员工思想状态改变，应及时与员工进行沟通。

g. 现场复查（末次巡检）。对第一次检查发现的问题，针对性地对机台整改情况进行复查，包括班前安排的工作落实情况、本班实施整改措施的落实情况，巡查结束后应把情况通报本班所有的管理人员。

h. 工作协调。协调大班管理人员之间的工作，协助跟班工艺员对大班进行工艺质量管理，协助机械修理组长、电工组长开展技术管理工作。

③班后工作内容。

a. 信息交流。与下一班的管理人员进行信息交流，把本班的生产、设备运行、人力安排、工艺执行等情况与下一班进行交流，保证信息传达到位。

b. 产量统计及交班本的填写。根据各机台的产量数据，核对成品入库数量，统计并记录本班的产量，同时记录本班人员的出勤情况，完成交班记录的填写。

3.5.5 监督检查管理要求

（1）工艺技术员监督检查要求。

①负责监督、核实各大班工艺检查执行情况，并核实工艺检查记录和问题的整改执行情况。负责组织车间级工艺检查。

②根据卷包车间质量控制重点及质量控制情况，下发各个时段工艺检查的重点。

③负责汇总车间及各班工艺检查的结果，并对检查结果及整改情况进行核实、公示。

④配合技术中心、厂部职能科室等部门进行工艺检查。

（2）跟班工艺员监督检查要求。

①负责按照车间要求组织本班管理人员、机组人员等定期开展班组工艺检查。

②负责本班工艺检查内容的拟定，对检查结果进行汇总、整改、考核及上报。

③负责按照车间要求进行班内每日工艺巡检，引导相关岗位操作人员按照工艺要求进行操作。

④针对工艺检查发现的问题及时进行整改，并将班组未能处理的问题及时上报至车间工艺技术员。

⑤配合技术中心、厂部职能科室等部门及车间进行工艺检查。

（3）其他班组管理人员工艺监督检查要求。

①协助跟班工艺员做好工艺检查的组织、实施、整改等工作。

②负责班组内、车间层次的工艺检查协调、参与及整改等工作。

4

封箱工序

4.1 工艺任务与流程

4.1.1 工艺任务

将包装成条后的合格产品和符合产品标准要求的材料制成合格的箱装卷烟。通过环形线输送烟箱至机械手码垛，再送入成品高架库存放。

4.1.2 工艺流程

封箱工序的工艺流程如图 4-1 所示。

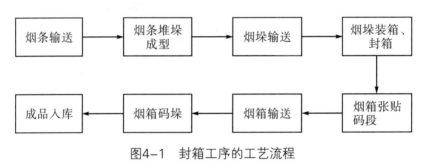

图4-1 封箱工序的工艺流程

4.2 主要设备

封箱工序使用的主要设备有烟条储存输送系统、烟条堆垛机、烟垛储存与输送系统、装封箱设备、在线打码机、箱装缺条检测装置和码垛机器人。

4.2.1 烟条储存输送系统

烟条储存输送系统用于将包装机与装封箱机柔性连接在一起，可完成烟条的输送和缓冲调节功能，从而实现烟条从包装机到装封箱机的自动化流水作业。烟条储存输送系统包括烟条提升机构、烟条高架输送机构、烟条翻身下滑机构。

（1）烟条提升机构。烟条提升机构与包装机相连，用于将包装好的条盒提升到高架输送链上。烟条提升机构示意图及电气示意图分别如图4-2、图4-3所示。

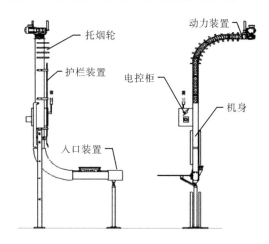

图4-2　烟条提升机构示意图

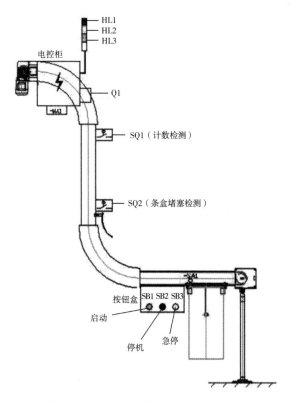

图4-3　烟条提升机构电气示意图

①烟条提升机构的工作原理。烟条以逐条方式由入口毛刷平台落入带滚轮的履带上，并在装载过程中自动滑入履带上滚轮间隙中，履带滚轮直接承托提升烟条。烟条经过的两个"S"形弯道，周边有不锈钢护栏和托烟轮。当垂直翻板开关 SQ2 检测到烟条堵塞时，则将信号传给 PLC，提升机停机。光电开关 SQ1 对条烟进行计数检测。

②烟条提升机构操作面板各部分的功用。

a. 绿色按钮（SB1）。按下 SB1 不超过 1 s，作为正常时启动机器；红灯亮转为绿灯亮，运行时挡烟板开绿灯快闪。候机状态时，使机器进入运行状态；绿灯闪亮转为长亮。连续按下 SB1 3 s 后松开，作为向装箱间发送质检联络信号，信号成功发送后，黄色、绿色、红色 3 盏灯均闪亮，对方复位后恢复原状。

b. 红色按钮（SB2）。机器正常停机时使用，按下 SB2，提升机停机时，红灯转为长亮。

c. 急停按钮（SB3）。遇到紧急情况时，无条件停止电机运行。不控制总电源回路，而由控制回路作安全保护，红灯闪亮。

③生产过程中的注意事项。

a. 随时监视提升机的工作状况和条烟的质量，在提升机入口处发现有散包、无透明纸和不合格烟条时，应及时取出，以免造成下游高架输送线堵塞，使整个输送系统停止工作。

b. 当下游输送线停止时，提升机会发出声光报警（三色灯柱红灯闪亮、蜂鸣器鸣叫）并自动停止运行。包装机未停机时烟条会推开紧急出口翻板，将烟条卸到人工检烟小平台上，此时应人工处理卸出的烟条。

c. 当下游输送线故障排除并正常运行后，提升机声光报警消除，把紧急出口翻板合上后提升机会自动运行。

（2）烟条高架输送机构。烟条高架输送机构通过履带式输送机将烟条从提升机出口均匀地输送到烟条堆垛机入口。烟条高架输送机构由悬挂系统、履带输送系统、倒烟装置、铝合金直轨、弯幅、耐磨导轨、尾轮及控制部分等组成，如图4-4 所示。

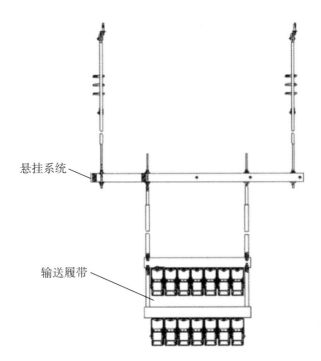

图4-4 烟条高架输送机构示意图

生产过程中的注意事项：

①随时监视高架输送线的工作状况和烟条的质量，发现烟条出现散包、无透明纸和不合格烟条时，应检查不合格烟条的来源，并停止相应的提升机，同时在烟条堆垛机拣出烟条。严重时，应停止高架输送线，并进行人工清理。

②当高架输送线上有堵烟、卡烟等现象时，则自动停止运行，并发出声光警示，待堵塞、卡烟等现象被排除后，高架输送线会自动启动运行。

③当高架输送线出现故障或其下游设备出现故障，需要高架输送线停止工作时，应按下"急停"按钮，排除故障后拉起"急停"按钮，并按下"启动"按钮，高架输送线即可恢复运行。

（3）烟条翻身下滑机构。烟条翻身下滑机构主要承接由烟条高架输送机构输送来的烟条并将其翻倒，然后滑入下游的烟条堆垛机中，完成烟条输送线与烟条堆垛机的完美结合。烟条翻身下滑机构由翻身皮带机和下滑道两部分组成（如图4-5所示），额定输送能力为60条/min。

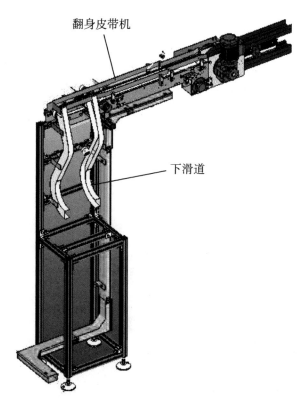

翻身皮带机

下滑道

图4-5　烟条翻身下滑机构示意图

4.2.2　烟条堆垛机

烟条堆垛机是将烟条累积成一定数量烟垛的自动化设备，处于烟条翻身下滑机构的后级、烟垛输送系统的前级，承接把烟条堆叠成型的任务。烟条堆垛机将烟条堆积成50条的烟垛，然后将烟垛推进烟垛输送使用的周转箱中，一个空周转箱可装一个烟垛，由烟垛输送机构输送到下级装封箱设备中。烟条堆垛机主要由开合机构、堆叠下降机构、推垛机构、下降导向组件、堆垛皮带机、控制柜电缆桥架、压力空气系统和电气控制系统等部件组成，如图4-6所示。

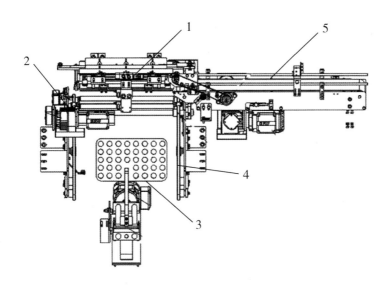

1- 开合机构；2- 堆叠下降机构；3- 推垛机构；4- 下降导向组件；5- 堆垛皮带机。

图4-6　烟条堆垛机示意图

（1）开合机构由开合块、导向板、挡板、光电管支板等零部件组成。烟条沿导向板进入开合机构并进行烟条排列的检测确认，符合打开条件后（烟条数量大于5条时），开合气缸伸出并将开合板打开，挡烟板挡住后边的烟条；反之，开合板合上时，挡烟板让出通道，条盒进入开合机构。

（2）堆叠下降机构由伺服减速电机、同步带轮、张紧带轮、同步带等零部件组成。当开合机构打开时，一组烟条（包含5条烟）下落到两根垛支撑杆上，设置光电管对落下的条盒进行确认，确认无误后，伺服电机带动两根垛支撑杆同时下降，下降高度应为一组烟条的高度，当又一组烟条进入后再如此下降一组烟条高度。当堆叠层数满足工艺要求时（常规卷烟堆叠5层，中支卷烟堆叠10层），设置接近开关进行确认，无误后两根垛支撑杆下降并将烟垛放到导向组件的垛抬板面上，电机继续转动，两根垛支撑杆随链条回到初始位置，堆叠机构继续堆叠（可继续堆叠但不影响推垛），推垛机构将条盒垛推出。

（3）推垛机构由推板、电机支座、电机、联轴器、丝杆导向组件等零部件组成。

（4）下降导向组件由导向板、辅助导向毛刷、支撑块、螺杆、调节螺母等零部件组成，确保堆叠的烟垛在下降过程中不随意打开。

（5）堆垛皮带机是烟条进给装置，是连接堆垛机和条盒包装机的设备，主要由电机、皮带、辊筒、侧板、导向杆等零部件组成。

（6）常见故障及处理方法。

①入口皮带入口堵塞。入口皮带堵烟，应先清理堵塞的烟条，然后按下"复位"按钮，最后按下"启动"按钮重新启动。

②入口皮带烟条倾斜。当烟条倾斜时，条烟堆垛机停机并报警，把倾斜的烟条取出后才能按下"复位"按钮，最后按下"启动"按钮重新启动。

③烟条堆垛完成下降到位，上部少条。如烟条堆垛机已经堆满50条烟且已经下降到底部，但是第5层开关没有检测到烟条，停机后应补齐第5层烟条，按"复位"或"启动"按钮开机；或取出所有烟条，手动调回第0层后再按"复位"或"启动"按钮开机。造成此类故障是因为斜烟条掉入烟条堆垛机内，人工取走斜烟条后没有补齐5条烟，或是皮带机上5条烟排列检测光电管状态误检测导致缺条。

④烟层超高，必须人工取出超高的烟条才能启动。正常情况下，常规烟堆垛为5层，中支烟堆垛为10层。当实际堆垛层数超出规定层数时，须人工取走超高的烟条后按"复位"或"启动"按钮开机。

⑤下滑道堵烟。烟条堆垛机下滑道出口处发生堵塞，应取出堵塞光电管处的烟条后链板立即启动。发生此类故障时，烟条堆垛机不停机，只是声光报警器提示。

⑥皮带上堆垛下放5条烟处侧面第1条烟电容检测开关不亮。检查是否有斜条烟进入或烟不够密集造成开关不亮，如果烟已到位但开关不亮，则需要调整开关的检测距离；如果开关亮灯报警，则参照主画面上的开关状态指示进行判断；如果画面上的开关不亮，说明电路有问题。

⑦升降机内气缸上升（或下降）不到位或磁环开关不亮。检查压力表是否有压缩空气，如果有压缩空气，应在气缸升起后检查磁环开关是否亮起；如果磁环开关不亮，则移动开关位置，使开关保持常亮。

4.2.3 烟垛储存与输送系统

烟垛储存与输送系统通过烟垛周转箱将符合 50 条数量的烟垛从烟条堆垛机出口运送至装封箱机入口。烟垛储存与输送系统主要使用的设备有烟垛周转箱、烟垛升降装置、烟垛移载装置、电动辊筒输送机、烟垛存储装置及烟垛往复式升降机等。

（1）烟垛周转箱。烟垛周转箱主要用于 YF615 条烟储存输送设备 50 条烟垛的周转输送，满足标准软、硬包条烟通用要求。烟垛周转箱采用钢木结构，底板采用厚 25 mm 木板、1.5 mm 不锈钢麦粒板包裹，侧板采用厚 0.8 mm 不锈钢麦粒板制作。在木底板中间安装 RFID 码载码体，用于烟垛支撑及烟垛信息的读写与储存。在堆垛机处把堆垛机号、包装机号、纸箱品牌条码、生产日期、班次写在标签上。

（2）烟垛升降装置。烟垛升降装置是实现在垂直方向往复升降和水平输送物料的设备，它根据生产物流工艺，将烟垛从低位提升到高位（或从高位下降到低位），并完成物料向下游输送机水平输送。

（3）烟垛移载装置。烟垛移载装置是水平输送物料中互相垂直的物料输送通道实现物料换向转道的设备，其主要作用是充当横向输送机与纵向输送机之间输送物料的转换轨道，输送能力为 8 件/min。

（4）电动辊筒输送机。电动辊筒输送机由 1 根电动辊筒与 6 根无动力辊筒用多楔带相连组成一个工位，通过电动辊筒的启停来实现件货的输送，输送能力为 8 件/min。其工作原理是当 1 根电动辊筒得到信号开始启动，与其相连的 6 根无动力辊筒在多楔带的带动下 7 根辊筒开始运行，烟箱在辊筒上运行。当接收到停止信号，电动辊筒停止，其余 6 根无动力辊筒也停止，烟箱停留在这组辊筒上等待运行信号的到来。每个集放工位设置一组光电管，实现烟箱的输送及集放。7 根辊筒组成一个工位，电动辊筒工作示意图如图 4-7 所示。

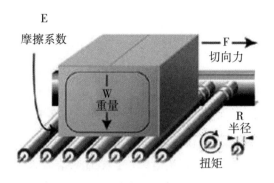

图4-7 电动辊筒工作示意图

（5）烟垛存储装置。当装封箱机或堆垛机暂停运行时，烟垛存储装置用于暂时储存烟垛或空的烟垛周转箱，储存能力为16件。

（6）烟垛往复式升降机。烟垛往复式升降机是实现在垂直方向往复升降和水平输送物料的设备。根据预定的物料流程，使物料从低位（或高位）提升（或下降）到高位（或低位），并完成物料向上（或向下）游输送机进行水平输送。烟垛往复式升降机主要用于将存有50条烟条的烟垛周转箱从高位的输送系统运送至低位的装封箱机入口处，并将完成烟垛输送的空的烟垛周转箱从低位运送至高位，再输送回相应的烟条堆垛机，输送能力为8件/min。

4.2.4 装封箱设备

目前，国内烟草行业装封箱设备型号主要有S2000、YP13、YP114，柳州卷烟厂使用的型号是YP114。

YP114型装封箱机是卷烟厂包装生产线上的主要包装设备之一，主要用于烟条（软、硬包）或异形烟的自动装箱、封箱，并实现对烟草包装质量及可快速追溯性的控制。YP114型装封箱机主要由电气控制系统、套口、推条器、套口过渡装置、桥架、机架、驱动胶带盘（双胶带盘）、推箱装置、调节装置、气动系统、压箱装置及上下折边器、开箱装置、折箱装置、旋转操作屏、纸箱库组成，如图4-8所示。

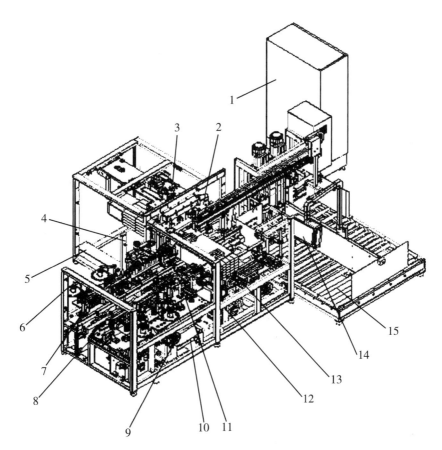

1– 电气控制系统；2– 套口；3– 推条器；4– 套口过渡装置；5– 桥架；6– 机架；7– 驱动胶带盘；
8– 推箱装置；9– 调节装置；10– 气动系统；11– 压箱装置及上下折边器；12– 开箱装置；13–
折箱装置；14– 旋转操作屏；15– 纸箱库。

图4-8　YP114型装封箱机结构示意图

（1）工作原理。烟垛输送线将装有烟垛的周转箱输送到装封箱机入口推条器
的位置，在到达推条器位置前两个工位时 RFID 码被读取，烟条品牌信息发出指
令给纸箱库吸箱装置和选择驱动胶带盘装置进行封胶带，吸箱装置选择一号或二
号纸箱库纸箱，将对应的纸箱抓取并送到开箱工位，开箱装置将纸箱拉开成形。
当纸箱满足装箱条件后，后折箱板开始折箱，同时套口插入纸箱，推条器推板推
着烟垛穿过打开的套口进入烟箱内，后折箱板对烟垛有限位作用。推条器推板和
套口退出纸箱，前折箱将套口端的烟箱侧边折叠好，大折箱板将套口端的烟箱下
边向上折起压住烟箱侧边，烟箱侧边折叠器返回，推箱装置的一次推箱上升推着

烟箱前行（如果需要喷胶，则在此过程中由程序控制喷胶系统对纸箱的相应位置进行喷胶），烟箱经过压箱装置及上下折边器到达一次推箱的远端。一次推箱板下降并退回，推箱装置的二次推箱将烟箱推入驱动胶带盘装置。在程序控制下，装封箱机根据从 RFID 码读取的烟条品牌信息选择相应的一号或二号驱动胶带盘装置进行封胶带，未被选中的胶带盘此时将执行取消封胶带指令。烟箱在运动过程中自粘式的胶带把烟箱两端的摇盖封盖，二次推箱装置将烟箱推出装封箱机出口并退回，完成一个工作循环。当一次推箱将烟箱推出开箱工位时，第二个纸箱被送到箱成形工位进行下一个工作循环。

①推条器。推条器由减速电机通过链轮链条驱动推板将条烟垛推入已打开的纸箱。

②套口及套口过渡装置。套口由减速电机驱动，将呈矩形的导向板伸入打开的纸箱，在装箱时具有导向作用，同时可以减少条烟与纸箱的摩擦。套口过渡装置安装在套口之前（即安装在烟垛输送与套口之间），与机架采用螺钉连接，具有烟垛导向和检测烟垛是否超高的作用。

③纸箱库。纸箱库由辊子输送、提升机构和吸箱装置组成。人工将同一个品牌的纸箱整齐叠放在纸箱库的一号库或二号库辊子输送的入口位置，叠放完成后按下一号库或二号库对应的就绪按钮。当前端纸箱用完时，辊子转动将纸箱自动输送到提升机构上，通过提升机构输送给吸箱装置。吸箱装置将单个纸箱送至相机支座对应的检测位置进行品牌识别，以便对应即将装箱的烟垛品牌信息。确认品牌信息无误后再送至开箱工位。

④开箱装置。开箱装置主要由上吸箱和下吸箱组成，通过吸盘将纸箱打开呈长方形，便于烟垛推入，开箱高度可调范围为 225 ～ 300 mm。

⑤折箱装置。折箱装置由前折箱装置和后折箱装置组成，可完成纸箱两端侧边摇盖的折叠任务。当开箱装置将纸箱拉开成形，满足装箱条件后，将套口插入纸箱。当推条器推板推着烟垛进入烟箱时，后折箱装置将纸箱后端摇盖折起并挡住即将推入的烟条，对烟垛有固定限位作用。当推条器推板和套口退出纸箱时，前折箱装置将套口端的烟箱侧边摇盖折叠好。

⑥推箱装置。推箱装置包括一次推箱和二次推箱。一次推箱的作用是将已

装满烟条的烟箱推入压箱装置及上下折边器进行折边（喷胶在此过程同时完成），直到纸箱送到二次推箱起始位置时返回。二次推箱将纸箱推入驱动式胶带盘进行两侧面封胶带，直到将纸箱推出装封箱机后再返回。

⑦压箱装置及上下折边器。压箱装置及上下折边器位于一次推箱和二次推箱之间，完成烟箱两端上下摇盖的折叠任务，并将折叠好的摇盖压紧，保证烟箱在封胶带前处于最佳状态，无错位、翘边现象，避免因烟箱折叠不到位而影响胶带粘贴的质量。

⑧驱动胶带盘。驱动胶带盘主要由左胶带盘、右胶带盘、电机、胶带卷安装组件、左驱动、右驱动等零部件组成。双胶带盘配置了两套相同的胶带盘装置，可以安装不同的胶带卷。胶带缠绕方式如图 4-9 所示。

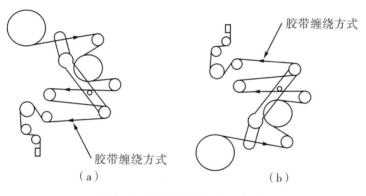

图4-9　胶带缠绕方式示意图

（2）特点。YP114 型装封箱机在同一时间段可实现同规格（指两个纸箱库同为软包尺寸规格或硬包尺寸规格）双品牌卷烟的封箱工作。YP114 型装封箱机的生产能力为 400 条/min（8 件/min）。

（3）电控系统控制模式。YP114 型装封箱机电控系统控制模式有两种，一种是手动模式，另一种是自动模式。手动模式用于单电机、单阀的调试，自动模式用于正常生产模式。两种模式的选择是用控制箱上的转换开关完成的。当进入正常工作状况时，需要依次通过系统上电、启动准备、运行设置、生产设置等步骤进行操作。

①系统上电。合上装封箱机上级开关及装封箱机本机电源开关，等待 PLC 启动完成且人机界面进入主画面（如图 4-10 所示）。

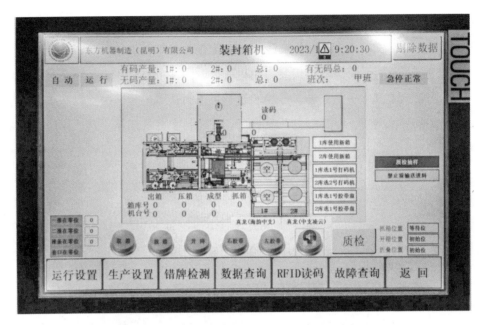

图4-10　YP114型装封箱机人机界面主画面

②启动准备。检查正压及负压是否供给正常，检查转换开关是否在自动位置，检查纸箱库纸箱和胶带是否准备就绪，检查装封箱机各部组是否在正常位置。

③运行设置。设备在运行过程中，根据运行工况的需要可逐一进行设置，如图4-11所示。

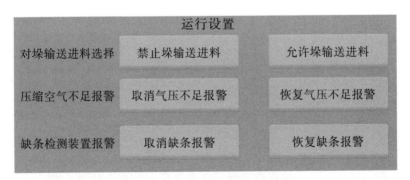

图4-11　运行设置界面

④生产设置。设备在运行前，需要对生产方式进行设置，即对打码机与纸箱库的对应关系、胶带盘与纸箱库的对应关系进行设置，同时还须对纸箱库品牌进行设置，其中运行参数设置包括时钟设置、生产设置，如图4-12所示。

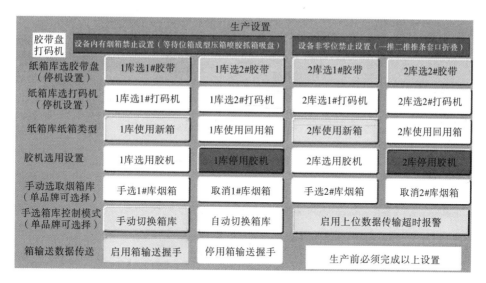

图4-12 生产设置界面

a. 只有在机器内无烟箱且设备处于初始位置时才可以按下胶带盘和打码机设置，条件满足时最上面一行显示绿色，表示具备设置条件。

b. 纸箱类型用于绑定信息，与设备控制无关。

c. 手选纸箱库是在单品牌时才可以设置，软件根据两个纸箱库的品牌自动判断当前是生产双品牌还是单品牌。如果选择手动切换箱库，则需要选择"手选1#库烟箱"或"手选2#库烟箱"，抓箱装置只对设定的箱库抓箱。如果选择自动切换箱库，首次切换则需要选择"手选1#库烟箱"或"手选2#库烟箱"，抓箱装置首次对设定的箱库抓箱，设定的箱库无纸箱后会自动对另一个箱库抓箱，分别在两个箱库周而复始地抓箱。

d. 箱输送有允许出箱信号，二次推箱才会启动推烟，如果需要屏蔽箱输送的信号，应按下"停用箱输送握手"，二次推箱则不受出口的限制。

⑤烟箱绑定信息实时发送给上位系统，上位系统接收信息超时造成栈区存满50条后，装封箱机将会发出声光报警，按下"停用上位数据传输超时报警"按钮可以取消报警。

⑥纸箱库品牌设置。设置纸箱库品牌需要满足3个条件，即机器处于停机状态，装封箱机内无烟，装封箱机各部组都在初始位置。

设置方法：在"请选择一个品牌"的下拉列表里选择需要切换的品牌，选择"本地装封箱机选择"且指示灯为绿色，再点击相应纸箱库的"品牌确认"按钮。如果不满足设置条件，即左边"允许品牌确认要求"下有 1 条信息显示为红色，如不满足该条件，品牌确认按钮均为灰色，无法按下按钮。设置成功后可以在装封箱机纸箱库当前品牌中看到实时的品牌设置内容，该内容应与右边条盒远程分配装封箱机品牌显示牌号一致。如果选择"远程条盒选择"且指示灯为绿色，表示纸箱库品牌跟随条盒分配纸箱库品牌变化，本地设置无效。纸箱库品牌设置界面如图 4-13 所示。

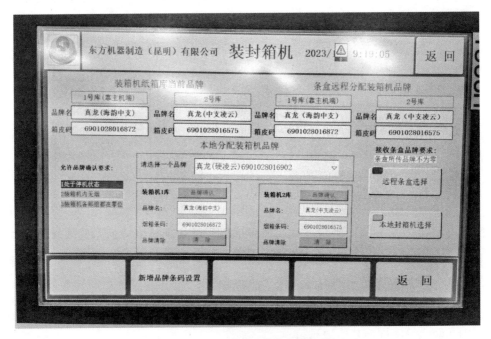

图4-13　纸箱库品牌设置界面

⑦查询进入装封箱机的堆垛机台号和品牌条码。在该画面可以查看条盒输送分配进入此台装封箱机的堆垛机号，以及纸箱条码品牌是否与装封箱机品牌一致，选中的机台显示为绿色，如图 4-14、图 4-15 所示。

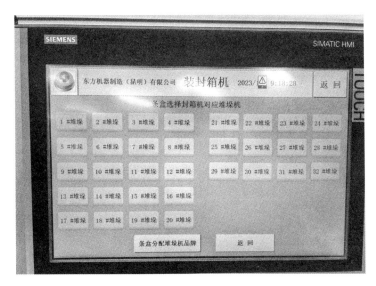

图4-14　装封箱机对应烟条堆垛机信息查询界面

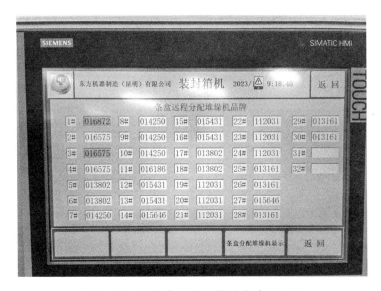

图4-15　烟条堆垛机品牌信息查询界面

（4）YP114型装封箱机信息的传送。YP114型装封箱机电控系统的信息分为三类，第一类是装封箱机用于控制设备的信息，第二类是装封箱机传送给上位系统烟箱的绑定信息，第三类是装封箱机传送给成品烟箱输送的信息（RFID机台号和时间、剔除原因ID）。

①用于控制设备的信息。装封箱机有两个纸箱库，可以设置相同或不同的品牌。用于输送烟垛的模盒底部装有 RFID 标签，在堆垛机处把堆垛机号、包装机号、纸箱品牌条码、生产日期、班次写在标签上。当烟垛到达第三工位时，RFID 读头读取标签的内容，把品牌内容取出，并与屏幕上设置的纸箱库品牌进行比较，判断抓取哪个纸箱库的纸箱。当抓箱吸盘到达须抓取纸箱的箱库位置时，第三工位的烟垛才允许放行。如果设备出现故障，再启动时须根据箱成型和抓箱吸盘上是否有纸箱，第一工位是否有烟垛，判断是抓取第一工位的烟垛纸箱，还是抓取第三工位的烟垛纸箱。因此，开机时或来烟量少时抓箱速度较慢，须等待第一工位没有烟垛和箱成型处无箱时再使用第三工位的品牌抓箱。

烟箱到达第一工位后，须进行推条的条件有以下方面：a. 烟箱成型成功，底部、侧面、上部箱竖立检测开关有信号，箱满检测开关无信号；b. 读取的烟垛品牌条码与箱成型处对应的纸箱品牌条码进行比对，两者内容一致；c. 接收到纸箱错牌检测相机发出的品牌正确信号。

②传送给上位系统烟箱的绑定信息。推条器把烟条推送到位（通过脉冲检测开关判断位置）后，将所有 RFID 和缺条信息（无缺条为 1，有缺条为 2，以及照片名称）跟随烟箱依次送到箱成型、压箱处。在压箱处会集抽检信号后再继续传送到胶带盘、出口第一工位，在出口第一工位会集胶带盘故障（用于剔除），信息继续传送到出口第二工位、出口第三工位处再会集条码阅读器信息，烟箱离开出口第三工位处的光电管一定时间后信息传送给数据块暂存，采用堆栈先进先出的方式存储，并按一定频率从第一条数据开始发送数据给上位系统，当收到上位信息的反馈信号后再清空此条数据。如果上位系统发生故障，PLC 可以暂存 50 条信息，栈满后蜂鸣器会发出报警信号，提示上位数据传输超时。

③传送给成品烟箱输送的信息。存在缺条缺陷和胶带故障时，左边胶带盘都不封胶带，可在剔除口进行剔除。在烟箱离开出口第三工位后把 RFID 机台号和时间、剔除原因 ID 发送给箱输送装置，箱输送装置剔除后将 RFID 机台号和时间、剔除原因 ID（会集装封箱机、箱外观检测、成品输送剔除原因）再反馈至装封箱机。

（5）RFID 读码。装封箱机入口设置了两个射频 RFID 读码器。读码器与 PLC 通信正常时，网关上的绿灯点亮，当读头检测到标签时，读头的指示灯处于闪烁状态，模块上相应通道的指示灯为绿灯，CH0 为第三工位读头，CH1 为第一工位读头。当网关出现非上述状况时，则发生故障，需要进行复位。设备正常工作时，无须对其操作，整个工作由 PLC 统筹进行。YP114 型装封箱机电控系统推垛处读码头如图 4-16 所示。

图4-16　YP114型装封箱机电控系统推垛处读码头

（6）产量清零。产量可以选择本地清零或远程清零。本地清零可以选择自动清零，清零时间可以自由设定。手动清零可以单独对一库、二库或全部产量清零进行操作，点击"历史产量"按钮，可以查看 3 个班的历史产量，如图 4-17 所示。

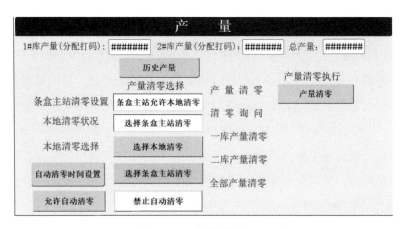

图4-17　产量清零界面

（7）质量抽检。设备在运行时，选择需要质检的机台，被分配进入装封箱机的堆垛机按钮左上角的圆灯会变成绿色，如果选择了质检，则整个按钮会变成绿色；如果是正常抽检，在设定抽检数量后，再按下"质检抽样"按钮，质检功能被自动执行。当需要抽检的数量达到设定值后，此机台停止抽检，按钮从绿色变成灰色，所有机台都抽检完毕后，"质检抽样"按钮变成灰色，并停止抽样。如果需要把某个机台的烟持续不断地剔除，则按下"异常抽样"按钮，所有属于该机台的烟都从剔除口剔除；不需要剔除时，则按下"抽样停止"按钮，质检功能就会自动停止。被选择质检的烟箱若一边不封胶带则在出口处被自动剔除。质量抽检设置界面如图4-18所示。

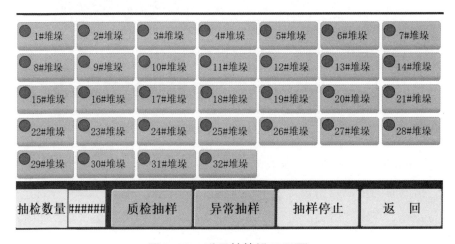

图4-18　质量抽检设置界面

（8）常见的故障分析及处理。

① YP114型装封箱机电控系统在日常工作中会因发生两种故障而停止工作：一种是因设备故障而停机，另一种是因品牌检测故障而停机。不同停机原因的处理方式不同。如果是因品牌检测故障而停机，需要在人机界面上进入条码检测页面，操作"错牌故障复位"按钮，就可以完成复位；如果是因读码器故障引起的停机，则需在人机界面上进入读码操作页面，对读码器进行初始化操作；如果是因设备引起的故障，在排除故障后，按操作箱上的"复位"按钮就可以进行复位。

② YP114型装封箱机机械系统因为部件较多，容易发生各种问题。当故障发生的时候，设备会自动停机，同时发出声光报警信号，此时发出的报警如果是

常见报警，系统会在触摸屏主画面上显示出故障信息；如果是非常见的故障，在系统人机界面上，信息系统处会显示故障内容，操作人员可以根据信息的提示进行处理，待排除故障后，需要进行复位。如果发生故障的时候，设备发生卡阻，没有在原始位置，则需要人工拿出卡阻的烟箱，再按照开机回零的模式进行回零操作。

③正常开机时，在人机界面的主画面可以观察到装封箱机的运行状态，以及对缺条故障和品牌错误故障进行应答，如图4-19所示。

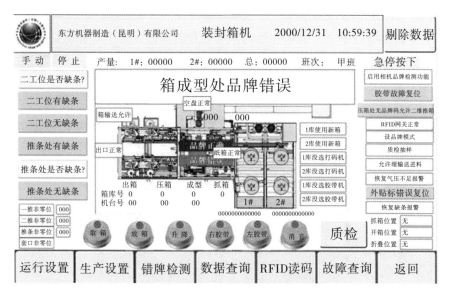

图4-19　主画面监控信息

a. 运行设置和生产设置的主要功能处于关闭或取消状态时会在此画面显示。缺条检测装置发送缺条信号给装封箱机时，会弹出"二工位是否缺条"的按钮，如果有缺条，则按下"二工位有缺条"的按钮，相应烟箱左边不封胶带并且在剔除口剔除。如果没有缺条，则按下"二工位无缺条"的按钮，相应烟箱就正常放行。缺条数据从二工位开始传递，如果推条工位由于种种原因没有收到缺条数据，则弹出"推条处是否缺条"的按钮，操作方法与二工位一致。

b. 在此画面可以看到一推、二推、推条、套口、抓箱、开箱、折叠的实时位置。监控烟箱在抓箱、箱成型、一推、二推位置时纸箱库号和包装机台号。

c. 如果弹出箱成型处品牌错误，必须点击画面上的"取箱"按钮，如果抓箱吸盘上有纸箱，则自动放掉抓箱吸盘上的纸箱，取走箱成型和等待位处的纸箱才能开机。

d. 如果抓箱吸盘在等待位并吸有纸箱，检测纸箱歪斜光电管，任意一个光电管检测灯亮都判定为纸箱歪斜，点击"放箱"按钮，取走纸箱后才能开机。

e. 如果胶带发生故障，二推则禁止推烟，需要检查胶带盘是否正常后再按下"胶带故障复位"按钮，二推才会继续推烟。

f. 如果外贴标发生故障，提示外贴标的品牌码与烟箱内的 RFID 信息品牌码不一致，可能是外贴标识错误，也可能是烟条品牌安装错误，烟箱会从剔除口剔除，需要认真检查烟条、烟箱和外贴标三者是否匹配，按下"外贴标错误复位"按钮后才能对故障进行复位。

4.2.5　在线打码机

在线打码机位于装封箱机出口处（如图 4-20 所示），通过程序设定信息，使用打码纸和色带完成在烟箱指定位置粘贴码段的任务。

图4-20　在线打码机设备外观图

根据国家烟草专卖局对卷烟"两打三扫"监督办法，每一万支卷烟生产计划量对应一张一号工程码（非一万支包装卷烟其件烟码经行业卷烟生产经营决策管理系统处理后对应实际箱包装卷烟数量的计划量）。工厂在生产卷烟时须完成"一打"，将一号工程码粘贴在烟箱上。一号工程码式样如图4-21所示。

图4-21　一号工程码式样

（1）标签上方条码共20位数，以上图为例，第一位至第十位数"2301030830"代表生产时间为2023年1月3日8点30分，第十一位至第十三位数"201"代表车间为卷包车间，第十四位至第十五位数"52"代表打码机号，即5号装封箱机、2号口打码机，第十六位数"B"代表生产班别为乙班（A代表甲班，B代表乙班，C代表丙班），第十七位至第二十位数"0011"代表件烟流水号为当班生产的第十一件烟。

（2）标签下方条码共32位数，以上图为例，第一位至第二位数"（91）"代表国家（地区），第三位至第八位数"013161"代表件烟牌号信息为真龙（珍品），第九位至第十六位数"20450001"代表生产企业为广西中烟工业有限责任公司，第十七位至第二十二位数"230103"代表生产日期为2023年1月3日，第二十三位数"0"代表经营方式为自产自销，第二十四位至第三十二位数"029808449"为随机编码。

（3）码段粘贴位置工艺标准。按照工艺技术标准要求，烟箱正面印刷有一号工程码定位框，在生产过程中，一号工程码应粘贴在定位框处，如图4-22所示。

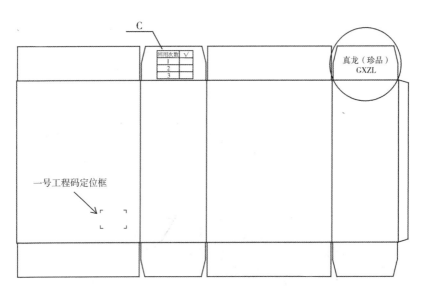

图4-22 一号工程码定位框

（4）打码纸及色带管理。

①打码纸按照生产部门实时更新的排码信息进行使用。

②跟班材料员在请料前，应与装封箱机机长核对装封箱机台在用码纸是否符合生产安排。

③装封箱机操作人员领用打码纸后，跟班材料员负责更新打码纸的库存数据。

④色带应严格按照生产部门实时更新的排码信息进行使用。

⑤跟班材料员在请料前，应与装封箱机机长核对装封箱机台在用色带是否符合生产安排。

⑥装封箱机操作人员领用色带后，跟班材料员负责更新色带的库存数据。

⑦色带属于有毒、有害类材料，必须统一进行回收处理；色带使用完毕后，装封箱机操作人员应将废弃色带放到车间指定存放的区域并统一回收，由车间材料员进行后续退料处理。

4.2.6 箱装缺条检测装置

每台 YP114 型装封箱机配备一台箱装缺条检测装置，用于生产过程中实时检查装封箱机装箱过程中产生的相关缺陷，即缺条、标签、条码、封胶带缺陷等。箱装缺条检测装置由箱缺条检测光源、左侧箱缺条检测相机、右侧箱缺条检测相机、外观检测箱、人机界面、扫码器、电控箱等构成，如图 4-23 所示。

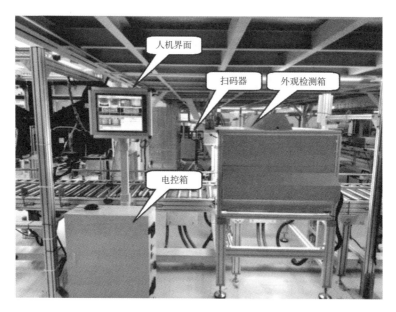

（a）

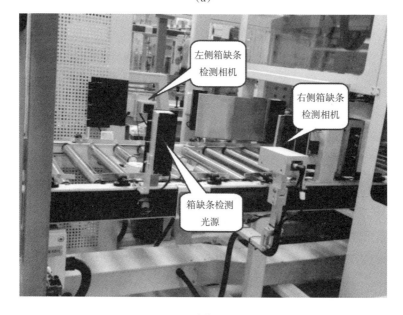

（b）

图4-23 箱装缺条检测装置

（1）系统运行原理。当烟垛周转箱进入装封箱机时触发缺条检测开关，缺条检测相机拍照处理图片并将信息反馈给装封箱机，由装封箱机进行处理和记录。当烟箱进入外观检测箱时，触发扫码光电开关，扫码器扫描条形码并识别烟箱品牌，打开外观检测箱的光源（触发常亮 1 min，若 1 min 后没有烟箱经过则自动关闭）。当检测完成后发现有缺陷，则输出剔除信号，烟箱在出口处被自动剔除，并由操作人员进行处理。

（2）点检要求。操作人员在每班接班时，对箱装缺条检测装置的有效性进行点检。以下为点检流程：

①从装封箱机旋转操作屏进入运行设置页面，点击"禁止垛输送进料"。

②在烟垛输送线上，选一个烟垛周转箱，人工取走 1 条烟条，模拟缺条状态。

③从装封箱机旋转操作屏进入运行设置页面，点击"允许垛输送进料"，查看点检周转箱进入二工位后封箱设备是否报警停机，若报警停机，则需在 OPC 上点击确认箱装缺条，设备重新启动并恢复生产。

④在箱装缺条检测装置人机界面查看报警缺陷图像是否为缺条状态，CAM9 与 CAM10 须有同一个时间内的箱装缺陷记录才视为检测正常，如果检测不正常，则及时反馈。

⑤在烟箱输送线观察烟箱运行至剔除口是否能够被正常剔除，防止烟箱流入成品库。

⑥对剔除烟箱进行处理，将取出的烟条补回缺条烟箱后再进行人工封箱，并正常转序。

⑦当装封箱机生产品牌为双品牌时，应对两个牌号逐一进行缺条点检。

⑧通过装封箱机组的成品烟箱经输送系统输送到成品入库分合流系统，根据烟箱一号工程码将件烟分拣至指定的缓存工位。码垛机器人抓取件烟，按照规定的垛形和数量码放于托盘上。

4.2.7　码垛机器人

柳州卷烟厂卷包车间配备有 5 台 ABB 机器人，对应 19 条分拣通道，其中两台机器人具备中支卷烟码垛功能，对应 6 条中支烟分拣通道。物流操作人员每天根据生产安排在物流管理系统设定成品码垛任务，通过装封箱机组的成品烟箱经过成品立体库物流系统的分合流系统，根据烟箱一号工程码及纸箱条码检测信息，将不同牌号烟箱自动分配至相应分拣道，然后进入缓存工位。码垛机器人抓取件烟，按照规定的垛形和数量码放于托盘上。

码垛机器人是根据预先编排的程序自动执行工作的机器装置，可将不同形状、尺寸的货物整齐、自动地码放在托盘上。烟草行业内应用较多的码垛机器人是瑞士 ABB 机器人。

目前，柳州卷烟厂生产的卷烟产品可分为常规卷烟和中支卷烟两种规格，其中常规卷烟烟箱码垛（如图 4-24 所示）共 3 层，下层和中间层均码垛 10 件，上层码垛 4 件，每托盘共 24 件卷烟。中支卷烟烟箱码垛（如图 4-25 所示）共 4 层，每层码垛 7 件，每托盘共 28 件卷烟。每台码垛机器人都安装 3D 图像识别系统，在码垛完成后进行垛形的外观及件烟数量检测，检测合格后，成品托盘通过穿梭车按物流管理系统的指令送至相应的立体货架入库站台，由堆垛机送入立体库货架存放。

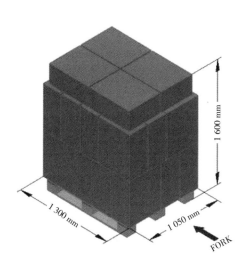

图4-24 常规卷烟烟箱码垛图示

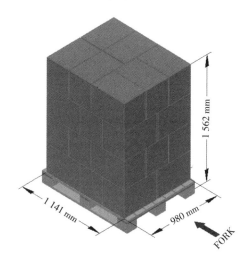

图4-25 中支卷烟烟箱码垛图示

4.3 封箱材料

4.3.1 烟用瓦楞纸箱

烟用瓦楞纸箱是由一片或两片瓦楞纸板经过模切、压痕、钉合或粘接等加工制成的纸箱，用于包装一定数量的条装卷烟。YP114型装封箱机可封纸箱规格最大尺寸为650 mm×500 mm×300 mm（外形），最小尺寸为280 mm×400 mm×220 mm（外形）。

（1）摇盖。摇盖为纸箱顶部和底部的折片，一般各有4片折片。

（2）纸箱正面。印刷产品牌号、公司名称、地址、规格、一号工程码留空位置等中文内容的一面为纸箱正面。

（3）外观要求（见表4-1）。

表4-1 烟用瓦楞纸箱外观要求

序号	指标	要求
1	方正度	纸箱支撑成型，使其相邻面成直角后，综合尺寸大于1 000 mm的，顶面或底面两对角线之差均小于或等于6 mm；综合尺寸小于或等于1 000 mm的，顶面或底面两对角线之差均小于或等于4 mm
2	尺寸	长、宽、高：设计值（$^{+5}_{-3}$）mm，尺寸设计值见实物标样
3	压痕	单瓦楞压痕线宽度小于或等于12 mm，双瓦楞压痕线宽度小于或等于17 mm，压痕线折线居中，不应有破裂断线及多余的压痕线
4	裁切口	刀口无明显毛刺，切断口表面裂损宽度小于或等于6 mm
5	箱角漏洞	纸箱支撑成型，箱角孔隙小于或等于5 mm，不应有包角
6	箱合拢	纸箱支撑成型，合拢时顶部和底部外摇盖离缝或搭结小于或等于2 mm；两盖参差小于或等于4 mm
7	摇盖耐折	纸箱支撑成型，将摇盖内折90°，然后开合180°，反复5次，摇盖外表面不得出现裂缝，内表面裂缝总长小于或等于70 mm
8	结合	接头搭舌宽度不少于35 mm。使用黏合剂结合，黏合剂应涂布均匀、充分，不应有溢出的现象
9	箱体外观	纸箱标识的内容应符合卷烟包装标识（GB5606.2）的有关要求；纸箱面层应平整、光洁，无明显缺陷，外观与标准样箱无明显色差，印刷内容及套印符合设计要求，图案、文字清晰

（4）包装。采用绳索捆扎纸箱，10个纸箱为一个包装单元。同一牌号、规格纸箱为一个包装单元，成品包装应同面、同向整齐堆叠。

（5）运输。采用清洁的运输工具，运输途中应防止潮湿、暴晒、热烤、摔碰，避免堆压过高、散包等；不得与有毒、有异味的物品及化学物品同车运输。

（6）标志。烟用瓦楞纸箱应在内摇盖上印有纸箱生产企业名称或代码等信息。

（7）贮存。

①产品应妥善保管，堆放时应距离地面大于或等于150 mm，距离库房墙面大于或等于200 mm，严防潮湿、暴晒、热烤、摔碰，避免堆压过高等；不应与有毒、有异味的物品及化学物品贮存在同一仓库内；仓储环境应符合企业生产现场环境温度、湿度技术要求。

②仓库贮存时间超过180天的产品，在投入生产使用前，必须重新抽样检验，检验合格后方可投入使用。

（8）烟用瓦楞纸箱标志印刷要求。烟用瓦楞纸箱应在箱体内的摇盖上印有纸箱生产企业代码、卷烟产品名称。循环利用的回收纸箱应印有回收次数标记等内容（以上要求不含出口卷烟纸箱）。烟用瓦楞纸箱标志印刷示意图如图4-26所示。

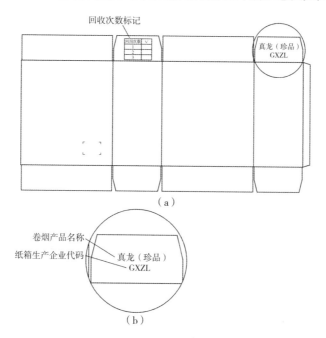

图4-26　烟用瓦楞纸箱标志印刷示意图

（9）循环利用的回收纸箱技术要求。

①循环利用的回收纸箱物理指标技术要求（见表4-2）。由于循环利用的回收纸箱与新纸箱质量有差异，应首先保证含水率指标要求，其他物理指标可由卷烟厂自行判定。

表4-2　循环利用的回收纸箱物理指标技术要求

序号	项目	指标要求
1	边压强度 /（N·m^{-1}）	≥ 5 000
2	含水率	8.0% ±2.5%
3	空箱抗压强度 /N	≥ 2 300
4	耐破强度 /kPa	≥ 980

②整理环节纸箱外观检验技术要求。

a. 以同一规格一次整理为一个检验批。整理后，凡发现有异味或牌号、规格混装现象，则该批纸箱须重新整理并再次检验。

b. 存在一种以上 A 类缺陷（见表4-3）的回收纸箱应剔除，不作循环利用。

表4-3　循环利用的回收纸箱 A 类缺陷

序号	缺陷描述
1	在拆箱过程中由刀片切割造成的小摇盖破损
2	在拆箱、整理烟箱过程中由撕拉胶带造成的面纸损伤，印刷字体、条码部分缺失
3	大（小）摇盖、痕线处严重破损，箱角破洞，纸箱牛皮纸面张、里张大面积破损
4	大（小）摇盖、痕线处折痕严重，影响纸箱成型，易轧机
5	大（小）摇盖槽口严重破损（以里张为准，破损长度＞20 mm），造成纸箱成型后条烟外露
6	表面折痕严重，影响纸箱成型后的方正
7	无大（小）摇盖，纸箱不能成型
8	纸箱牌号（或规格）错装
9	纸箱表面有较多油渍，回收利用时影响卷烟产品质量
10	纸箱搭扣撕开，回收利用时影响纸箱成型，易轧机
11	摇盖内表面撕脱，回收利用时影响卷烟外在质量
12	纸箱摇盖边缘脱胶且折皱，回收利用时影响纸箱成型和方正

③纸箱版面调整时循环回收纸箱的技术要求。

a. 对需调整烟气三项指标值的旧版纸箱，使用调整后的标注数值印章对应原标注数值进行直接覆盖、涂改。每个旧版纸箱只允许使用色墨覆盖涂改一次，再次回收不得覆盖、涂改使用。

b. 纸箱采用标注数值印章色墨覆盖、涂改时，数字须清晰、平整，字体、规格应统一，并按标注数值的要求对应涂改。

c. 纸箱标注数值覆盖、涂改应统一采用黑色色墨，各牌号规格纸箱覆盖、涂改的色墨、色调、深浅应保持一致。

d. 对版面标识优化调整的新、旧版纸箱要求等同使用，无须区分。

④在纸箱版面中的"调拨标识"为一组数字印章盖印的 4 位蓝色数字，要求采用黑色油性笔色块对标识数字的字迹部位进行完全涂抹、整理。涂抹的色块要求平整、均匀，涂抹覆盖的黑色方形色块应超过整组数字上下、左右 2 mm 以上为宜。

⑤循环回收纸箱"一号工程码"位条码采用与纸箱颜色相近似、规格为 115 mm × 85 mm（或大于该规格）的不干胶对未整理的"一号工程码"位上件箱条码标签进行完全粘贴覆盖，覆盖整理的不干胶粘贴要求平整、牢固，且不允许粘贴覆盖在除件箱条码标签外的纸箱版面文字上。该整理方式调整后的材料与调整前的材料在切换期间无需区分。

⑥循环回收纸箱回收次数标识要求。

a. 回收纸箱经整理合格后，在纸箱上部小摇盖印有回收次数标记上依次使用黑色粗头记号笔在格子内打"√"进行标识和识别。

b. 整理合格一次，标识和识别一次。

⑦循环回收纸箱的回收要求。

a. 需要循环利用的回收纸箱应按品牌、规格、数量回收检验。

b. 回收纸箱应按照规格捆扎，不得混装。

c. 回收纸箱应无异味，无妨碍烟草香味表现的特殊气味。

d. 经整理后回收纸箱箱盖边缘之外不应有残余的封箱胶带。

e. 经整理后回收纸箱捆扎要求正面向上、方向一致，以 10 个 / 捆纸箱进行捆扎。

⑧循环回收纸箱的使用要求。

a.卷烟厂需对循环利用的回收纸箱分规格检定后入库，与该规格新纸箱区分标识、存放、领用，材料名称、标识为该规格纸箱材料名称（循环）。

b.循环利用的回收纸箱应与新纸箱区分并集中使用，循环利用的回收纸箱入库后与新纸箱并存的，在正常生产情况下应先使用循环利用的回收纸箱；如纸箱改版、换版或卷烟规格已列入停产计划的，则应优先使用新纸箱，再使用循环利用的回收纸箱。

c.使用循环利用的回收纸箱包装的成品卷烟与使用新纸箱包装的成品卷烟无须区分入库存放，按照市场营销中心要求调拨。

d.循环利用的回收纸箱包装的成品卷烟的检验，应按照本工艺通知循环利用的回收纸箱技术要求及《卷烟用瓦楞纸箱》（Q/GY 104019—2019/0）执行。

4.3.2　封箱胶带

封箱胶带是以双向拉伸聚丙烯薄膜（BOPP）为基材，将压敏胶黏剂均匀地涂布在聚丙烯薄膜的处理面，经裁切而制成用于密封捆扎卷烟包装箱的卷状胶粘带，一般分为米黄色、土黄色和透明胶带。YP114型封箱设备对封箱胶带要求如下：胶带最大外径尺寸为300 mm，胶带内径尺寸范围为75～76 mm，胶带宽度尺寸范围为60～80 mm，胶带厚度尺寸范围为0.04～0.06 mm。柳州卷烟厂生产的自有真龙品牌使用的是宽80 mm透明封箱胶带，联营生产的南京品牌使用的是宽70 mm的透明封箱胶带。

（1）外观技术要求。

①卷切面裁切应整齐，首端贴有带头纸条，边沿不溢胶、无缺口，卷芯不松离，缠绕时无折痕，无明显凹陷变形和缝隙。

②卷张力应适度，图案位置居中，因分切导致的误差应小于或等于2.0 mm；机封成卷胶带使用时，按企业名称顺序而出，不得反置。

③封箱胶带印刷清晰、完整，印迹色泽均匀，边缘光洁，无明显的墨点、拖花、脏污、变形、残缺等质量缺陷；套印误差 ±0.3 mm。

④封箱胶带施胶层施胶应均匀、无漏胶，解卷时背面无残胶现象。

⑤封箱胶带与双方确认的标样应无明显色差，色差 $\Delta Eab \leqslant 3.0$。

⑥封箱胶带的表面平整、光滑，胶带的图案、字体、间距、尺寸以标准样张规定的指标为准。

（2）技术指标要求（见表4-4）。

表 4-4　封箱胶带的技术指标要求

序号	项目	指标要求
1	宽度 /mm	80±1
2	带基厚度 / μm	38.0±1.1
3	长度 /m	≥363.5（大卷机用），≥45.7（小卷手封用）
4	低速解卷力 / (N·mm^{-1})	≤0.2
5	拉伸强度 / (N·cm^{-1})	≥30
6	断裂伸长率	100%～180%
7	180°剥离力（常态下）/ (N·cm^{-1})	≥5
8	持粘性 / (mm·h)	≤3
9	初粘性（斜面滚球法）	≥14#

（3）安全性指标。封箱胶带不允许有污物和刺激性气味，重金属含量应符合相关技术要求。封箱胶带的安全性指标限量见表4-5。

表 4-5　封箱胶带的安全性指标限量

序号	项目	指标要求
1	4种有毒元素［铅＋汞＋镉＋铬（六价）］的总含量	≤0.000 1
2	PBB（多溴联苯）	禁止使用
3	PBDE（多溴联苯醚）	禁止使用

（4）其他要求。

①手封封箱胶带不允许有接头；机封封箱胶带的接头允许有一处接头，接头应牢固、解卷不易断开且有明显标识；有接头的胶带总数控制在整批货总量的10%以内。

②卷芯切面平整，内径为（76±1）mm；不得出现椭圆状及凹陷变形。

③将瓦楞纸箱轻轻贴于箱板纸上，剥离时纸面无起毛现象。

（5）包装。

①用聚乙烯袋包装后（或直接）装入纸箱封装。

②纸箱外观颜色无明显差别，应能满足胶带不受挤压、变形或损坏。

（6）标志。箱体及卷芯内壁上应贴有标签，标签内容包括以下方面：

①生产企业名称、厂址。

②产品名称、商标、规格、数量（卷芯内壁上无须标注数量）。

③生产日期、生产批号、质检印记、执行标准号。

（7）贮存。

①封箱胶带贮存环境的温度不应超过 30 ℃，相对湿度不应超过 70%，贮存在无挥发性溶剂存在的仓库。

②为防止封箱胶带受压变形，包装箱应避免横放。

③封箱胶带自生产之日起，保质期应不超过 1 年。

（8）封箱胶带的管理。

①跟班材料员按生产安排计划使用封箱胶带。

②装封箱机操作人员应按需领用封箱胶带。

③机用封箱胶带在使用过程中，非质量问题不得随意更换。

④因临时生产需要，人工封箱胶带由跟班材料员申领，交由安排临时生产的负责人统一领用。生产完毕后，剩余人工封箱胶带由生产负责人统一回收，再交回跟班材料员进行回库存放。

⑤装封箱机工具柜只能放置当前生产牌号的封箱胶带。

⑥非生产领用封箱胶带（如嘴棒工序、收废料工序等），申领人向装封箱机机长说明使用原因，应由装封箱机机长统一发放封箱胶带。封箱胶带使用完毕，由申领人将剩余封箱胶带交回装封箱机机长。生产领用胶带（如人工封箱等），申领人向材料员说明使用原因，并登记"粘胶带领用表"，由材料员统一发放。封箱胶带使用完毕，由申领人将剩余的封箱胶带交回材料员处。

⑦严禁混用或错用封箱胶带。

4.4　箱装外观工艺质量要求

4.4.1　箱内条排列

箱内条排 2 行，每行排 25 条，烟条竖放，排列方向一致。

4.4.2　件箱条码标签

件箱条码标签应符合国家烟草专卖局行业卷烟生产经营决策管理系统的相关要求。件箱条码标签要求准确、端正、完整，不应出现多贴、漏贴、错贴、倒贴。

4.4.3　箱面

箱面各种印刷标记应清晰、完整，不应错印、漏印。

4.4.4　装条

箱内烟条排列整齐，不错装、少装、倒装；烟条不应划伤，表面透明纸不应有刮花；箱体内壁与条盒或条包不应粘连，避免拉开后破损。

4.4.5　外观

箱装外观包装完整、牢固，纸箱外形方正，不应破损而露出卷烟条盒或条包；两侧盖搭口的错位不应大于 10 mm，折角平齐，无擦痕，无污迹。

4.4.6　封贴

封箱胶带应封严压紧，呈"一"字形，胶带纸粘贴平滑、牢固，无断裂现象，表面无污点。

4.4.7 杂物

箱内不应含有杂物。

4.5 箱装质量缺陷原因分析及预防措施

4.5.1 箱内烟条错装

（1）主要原因分析。换牌后原品牌条装卷烟未清理干净；人工装箱时装错烟条；处理烟条输送线发生故障时，未检查确认烟条牌号，将烟条放错输送线。

（2）预防措施。机台换牌时，做好原生产牌号的材料、成品、半成品的清场工作；人工装箱时，认真检查，确认所有烟条牌号一致且与纸箱牌号相符；处理烟条输送线发生故障时，对烟条的外观质量及牌号应认真检查。

4.5.2 箱内少条

（1）主要原因分析。人工装箱少装；缺条检测异常；处理烟条堆叠区卡烟后，未对烟箱内产品质量及是否缺条进行检查。

（2）预防措施。人工装箱时，严格按照车间管理要求，先装满下层25条烟，再装上层25条烟。满箱后，对烟箱进行称重，确保无异常后再封箱码垛；接班后及时对缺条检测有效性进行点检验证，班中随时监控检测运行情况，有异常应及时反馈电工对检测进行调整；按照车间工艺要求，处理烟条堆叠区卡烟后，对烟箱内产品质量和是否缺条及时进行检查与确认。

4.5.3　箱装破损

（1）主要原因分析。烟箱来料、烟箱输送通道发生异常情况。

（2）预防及排查调整方法。添加材料时，对材料外观进行检查确认，若材料有破损，应及时将材料隔离，更换好的材料，并反馈给相关人员进行处理；若烟箱输送通道有异物，或设备机械位置调整不当时，应及时反馈给维修工进行调整。

4.5.4　贴错一号工程码

（1）主要原因分析。处理异常烟箱（一号工程码缺失）时，未认真检查烟箱牌号；系统品牌设置错误。

（2）预防措施。处理异常烟箱、人工张贴码段时，认真核对烟箱牌号与一号工程码牌号是否相符；实施码段计划时，认真核对牌号、日期、班别等信息是否正确，有异常时及时反馈给相关人员处理；确保烟箱输送通道扫码检测的有效性，及时发现异常，并将错误缩小到最小范围。

4.5.5　封箱胶带错位，位置偏离烟箱中缝

（1）主要原因分析。封箱胶带安装异常，胶带黏结装置安装异常，人工粘贴错位。

（2）预防及排查调整方法。更换安装封箱胶带时，确保封箱胶带安装到位；维修工班中巡检、点检时关注各机台封箱胶带黏结装置是否正常；人工粘贴封箱胶带时，严格按照工艺标准执行。

4.5.6　封箱胶带两端长度与要求不符

（1）主要原因分析。封箱胶带黏结装置异常，封箱胶带长度调整不到位；人工粘贴胶带不符合工艺要求。

（2）预防及排查调整方法。生产过程中按时做好产品质量监控，有异常情况应及时反馈给维修工调整；人工粘贴封箱胶带时，严格按照工艺指标要求执行，对不符合标准的及时进行返工处理。

4.5.7 烟箱混牌号（一垛烟存在两种以上的牌号）

（1）主要原因分析。人工码垛时未检查区分牌号；处理输送线堵烟故障方法不当，导致烟箱信号错乱；烟箱条码检测失效。

（2）预防及排查调整方法。人工码垛边道烟箱时，认真检查确认烟箱牌号；封箱区域负责人入库边道烟垛时，再次核对和确认烟箱牌号是否一致；处理输送线堵烟故障后，观察烟箱分拣位置是否正确，有异常情况应及时处置；确认条码检测运行状况正常。

4.6 封箱工序质量管控要求

4.6.1 封箱工序自检作业要求

（1）封箱操作工按照"五定"自检要求进行自检，在"封箱设备运行记录总表"内如实填写自检内容；自检内容及自检频次按照《卷包车间封箱工序自检标准》进行检查，全检手法按照封箱全检视频进行检验。

（2）封箱工序维修和保养后的自检。封箱工序维修和保养后，封箱操作工连续接出 5 件烟进行全面检查，合格后正常转序，不合格则继续维修调整；检查合格后需通知跟班工艺员对产品质量进行验证，跟班工艺员随机抽取两件烟，并对其产品质量进行验证。如遇特殊维修或特殊缺陷，班组管理人员应根据具体情况制订检查方案，并组织实施，做好产品质量的验证，确保产品质量的符合性。

（3）装封箱机台餐间检查。装封箱机操作人员分别在就餐前及就餐后，在装封箱机出口处连续剔除两件烟，查看烟箱外观（卷烟类别、烟箱的特殊标志、烟箱外观是否被刮破、四角是否被撞皱），查看一号工程码（是否清晰，有无残缺、刮花、偏移等，以及日期、班别、产品代码、加工方式、装封箱机号），查看封箱胶带的粘贴（侧面长度、胶带切口）及箱内烟条，一次横向平排取出 5 条烟进行检查，重点检查烟条的上下两个侧面（条玻是否有刮花、折皱、拉线偏移、错口、双条玻、条盒粘贴胶点、双条盒，重点检查 4 个角的烟条），将烟条全部取出放在自检平台或另一件烟箱上，检查整体的 5 个面。将烟条放回烟箱后，再纵向取 5 烟，重点检查两个侧面，翻转烟条时检查烟条钢印。检查完毕后再将烟条放回烟箱。

（4）封箱工序自检作业要求包含烟条堆垛机自检作业要求（见表 4-6）和装封箱机自检作业要求（见表 4-7）。

表 4-6　烟条堆垛机自检作业要求

序号	项目	取样时间	时间间隔	取样检查点	取样数量	检查内容及检查手法
1	班前检查	班前检查时	上班开机前	堆垛机前输送带	标识牌的数量	所有堆垛机的生产牌号是否符合生产安排计划，现场牌号的标识是否正确
2	过程自检	首次检查时	开机后 30 min 内	堆垛机前输送带	随机检查所负责堆垛机的 5 条烟条	检查烟条外观，如烟条表面、背面是否刮花、刮破，条玻封口热封是否良好、折皱，拉线是否偏移、错口；抽取所负责机台烟条，检查烟条两端的热封是否折皱，钢印是否正确
		岗位检查时	30～40 min			检查内容同首次检查
		餐间检查时	餐前、餐后 20 min 内			
		末次检查时	下班前			

续表

序号	项目	取样时间	时间间隔	取样检查点	取样数量	检查内容及检查手法
3	其他检查	设备维修时	包装机设备故障后	堆垛机前输送带	取该机台不少于 10 条烟条	针对故障点进行全检
		换牌检查时	换牌后首次检查			同开机后首次检查的内容
		其他检查时	输送线在 30 min 以上无烟条,应在重新有烟条下来的 10 min 内再次检查		取该机台 5 条烟条	检查烟条(外观)拉线、热封、两端是否折皱,钢印是否正确

表 4-7　装封箱机自检作业要求

序号	项目	取样时间	时间间隔	取样检查点	取样数量	检查内容及检查手法
1	班前检查	班前检查时	上班开机前	装封箱机现场	所有材料	检查纸箱、封箱胶带与生产牌号是否相符,现场牌号、工艺卡标识、成品标识、半成品标识等是否符合相关要求
2	过程自检	首次检查时	开机后全检	装封箱机出口	每台包装机取 1 件烟	在装封箱机出口处检查第一件烟,先查看烟箱的外观(卷烟类别及烟箱的特殊标志,烟箱条形码,烟箱外观是否被刮破,四角是否被撞皱);然后查看一号工程码(一号工程码是否清晰,有无残缺、刮花、偏移等,一号工程码的日期、班别、产品代码、加工方式、装封箱机号),并核对一号工程码、烟箱条形码及工艺卡产品代码是否一致;再查看封箱胶带的粘贴(侧面长度、胶带切口)及箱内烟条,一次横向平排取出 5 条烟条进行检查,重点检查烟条的上下两个侧面(条玻是否有刮花、折皱、拉线偏移、错口、双条玻、条盒粘贴胶点、双条盒)及 4 个角的烟条,将烟条全部取出放在自检平台上,检查烟条的 5 个面。在放回烟箱时,纵向取出 5 条烟条,重点检查烟条的两个侧面,翻转烟条时检查烟条的钢印

续表

序号	项目	取样时间	时间间隔	取样检查点	取样数量	检查内容及检查手法
2	过程自检	岗位检查时	50 min	装封箱机出口处	连续观察5件烟	查看烟箱的各面是否有刮破，8个角是否撞皱，封箱胶带（粘贴长度、胶带字体、裁切）、条形码的位置是否正确，条形码是否模糊（无须取下烟箱，在出口查看即可）
		餐间检查时	餐前、餐后20 min 内		随机取2件烟	检查内容同首次检查
		末次检查时	下班前全检		每台包装机取1件烟	
3	材料检查	请料检查时	请料到机台后	材料托盘	所有材料	核对材料的外观与工艺卡是否相符，并检查是否与材料配盘记录表相符，再签字确认
		材料更换检查时	添加材料前	材料托盘	添加的材料	与标准样进行核对，检查每份材料
			更换胶带	装封箱机出口处	不少于2件烟	更换封箱胶带后，须跟踪查看2件烟的胶带粘贴情况（侧封长度、粘贴效果、胶带字样）
			更换色带	装封箱机出口处		检查打码是否清晰
4	其他检查	设备维修时	设备故障后	装封箱机出口处	不少于5件烟	针对故障点进行全检
		换牌检查时	换牌后首次检查		每台包装机取1件烟	同开机后首次检查要求
		其他检查时	输送线在30 min 以上无烟条，须在重新有烟条下来10 min 内再次检查		取该机台2件烟	检查内容同首次检查

4.6.2　封箱工序换牌工作要求

（1）包装机开烟后，封箱工段长通知装封箱机人员清空设备内的剩余烟条，将剩余烟条拿到平衡房放置并标识清楚；机台人员负责将剩余的一号工程码码段送回，把二次封箱盖章交还封箱区域负责人，同时值班班长通知外围修理工到现场协助装封箱机人员换牌，并对设备进行相应的调整。

（2）机台人员记录产量后清零，然后按"封箱工序换牌控制表"对设备和材料进行清理，对材料清点后填写"卷包散盘回库单"，跟班材料员确认后通知拉料人员将余料拉至指定位置进行回库，并通知拉料人员将下一个牌号的材料送至机台。

（3）封箱工段长回收上一个牌号标识牌、产品工艺执行单，并发放下一个牌号标识牌、产品工艺执行单；如个别牌号需要加盖特别印章标识，印章标识应与工艺卡一并发放和回收。

（4）机台操作人员根据换牌后生产牌号的标准，对装封箱机纸箱库品牌及条盒远程分配装箱品牌设置进行修改。

（5）封箱工段长对设备和现场进行检查，机台操作人员根据工艺卡核对材料。

（6）物流人员负责清空机械手区域和边道人工码垛处的烟箱，并设置新牌号入库 ID。

（7）装封箱机换牌完成后，装封箱机人员通知值班班长，包装工序烟条上 S 提升机。

（8）装封箱机人员在人工剔除口剔除对应的包装机台各 1 件烟箱并进行全检，然后填写"封箱工序换牌控制表"，跟班工艺员对机台执行情况和产品标准的符合性进行确认后才可进入下一道工序。

（9）注意事项。

①换牌前，跟班工艺员应对换牌涉及人员开展工艺标准、材料使用及生产注意事项的培训。

②操作人员换牌后注意检查一号工程码的正确性。

③换牌后，封箱区域负责人对机台的电脑设置、缺条检测的设置及检测有效性进行检查。

4.6.3 质量追溯要求

（1）包装工序进入封箱工序追溯缺陷产品。

①装封箱机人员接到信息后应立即设置装封箱机，将对应包装机台的烟箱在人工抽检口剔除，等待设置好后通知包装机台人员启动 S 提升机，并在剔除口处理剔除的烟箱，同时记录烟箱条码信息或生产时间信息。装封箱机人员确保将输送线、烟垛周转箱里的烟条以及堆垛机的散条完全隔离后，将隔离信息反馈到包装机台。

②包装工序人员进入封箱工序对缺陷源头进行排查，把缺陷源头控制在装封箱机之前，将缺陷产品拉回包装工序进行返工处理，并使用合格产品将质量追溯产生的空纸箱补满后返还装封箱机。若缺陷产品已进入成品物流区，则反馈给班组管理人员启动成品库缺陷产品追溯流程。

③包装工序追溯完成后，封箱工序需根据机台电话通知，及时将包装机后续生产烟条转序正常生产。

（2）封箱工序发现烟条外观质量缺陷时，应及时将缺陷信息通知到相应包装机台，包装机台通知维修工进行调整。同时对相应包装机成品进行排查，判断缺陷产品是否进入成品库。若缺陷产品已进入成品物流区，则反馈给班组管理人员启动成品库缺陷产品追溯流程。

（3）封箱工序发现本工序自身产生质量缺陷时的追溯流程。

①封箱工序发现箱装质量缺陷后，需要停机修复的立即停机，并隔离好现场的缺陷产品，通知封箱工段长。

②如缺陷产品已入库，应启动成品库缺陷产品追溯程序。

（4）大班管理人员根据缺陷产品发现的时间点位及现场了解到的情况，初步估算可能出现的质量缺陷范围，根据烟箱条码信息找出该机台对应的条码，按照估算的范围进行抽查，直至找到缺陷产品的源头。

（5）质量追溯过程及质量追溯结束时的操作要求。

①记录翻箱的数量，把数据反馈给大班管理人员，大班管理人员进行核实。跟班工艺员对追溯范围进行抽查核实，如果出现追溯不完全的情况，则对追溯人员进行考核。

②追溯产生的纸箱需重新装满烟条，并在原来的托盘上组盘，如产生不合格纸箱须报废处理，并更换合格纸箱。不合格纸箱上粘贴的码段须取下，并粘贴在新纸箱上。

③追溯人员应及时通知物流操作人员对合格品进行回库处理。追溯结束后应对数量进行统计，并反馈给领班，然后对生产入库数据进行调整。

4.6.4　一号工程码管理要求

（1）条形码的排产。

①车间需要使用的条形码由生产调度科统一排产。

②在特殊情况下，如码量不足或打码机出现故障不能正常读取，且必须打码生产时，由领班联系生产调度科进行重新排产，装封箱操作工进行码段读取，并做好记录。

（2）条形码的读取。

①机台条形码的读取由机台操作工进行操作，跟班工艺员、车间相关管理人员进行监督，人工打码处的读取由装封箱机负责人进行读取。

②各机台条形码读取时间为中班00：00前，需对第二天各班条形码进行读取，封箱负责人和领班检查是否按要求进行条形码读取。如遇到特殊原因需要在其他时间读取码段，则由车间工艺技术员具体通知。

③如果机台操作工不能成功读取码段，应及时向封箱工序负责人反馈。封箱工序负责人应及时处理，如不能处理，则及时反馈给跟班维修工和电工。跟班维修工和电工应及时进行处理，如再不能处理，则及时向封箱工序负责人反馈，封箱工序负责人应及时联系生产调度科调度员和信息科系统管理员进行处理。

④封箱操作工对本机组条形码计划进行读取后，另一名封箱操作工应进行检查和核对当班使用的条形码信息（牌号、数量、日期、班别、班次等）。

⑤使用于生产过程临时打码的L11#人工打码机码段的读取、回送、使用、报废均由装封箱机负责人操作。

（3）条形码计划的实施。

①当班的码段计划严禁提前使用。各班接班后使用本班码段计划，操作工做

好条形码计划使用情况的记录。

②各班接班后，管理人员根据生产安排在班前会通知封箱操作工进行读码，并且核对当班使用的条形码信息（牌号、数量、日期、班别、班次等），通知物流人员设置牌号名称及货位 ID，管理人员巡检封箱操作人员和物流人员是否按要求进行读码及牌号名称、货位 ID 的设置。

（4）条形码的回送。

①每日中班生产结束后，由装封箱操作工将当日所安排的已实施和未实施的码段计划进行回送，L13# 人工打码的回送由装封箱机负责人在当日中班生产结束后进行回送。

②每日中班生产结束后，领班和封箱工序负责人必须检查装封箱机组码段回送情况。如出现无法回送码段的情况，请参照（4）条款第①条进行操作。

（5）异常情况处理要求。当班因质量问题进行翻箱追溯，在追溯完成后，封箱工段长负责将烟箱补齐，重新码垛入库。

（6）人工捡条时条形码的使用要求。

①由跟班工艺员向装封箱机负责人提出所需码量的申请，装封箱机负责人根据要求打印条形码（每次的打码量控制在 20 张，使用完后再进行补充），同时与跟班工艺员进行核对，并进行记录和确认。

②捡条操作工按要求正确张贴条形码，不得随意放置、丢失和损坏条形码。

③损坏的条形码由捡条操作工及时交由装封箱机负责人进行重新打印再使用。

④每班生产结束后，装封箱机负责人须核对当班产量与条形码使用量是否一致，领班做好复核和记录，如当班产量与条形码使用量不一致，应及时进行排查并反馈给车间统计员。

（7）人工补码工作要求。

①车间统计员根据生产调度科下发的人工补码计划，通知各班组管理人员及封箱负责人。

②封箱负责人根据补码计划和通知及时读取码段，并核对牌号、数量、日期、班别、班次等信息。正常生产过程如需要补码，首先修改班别号，然后查看

计划，选择所需要补码的牌号，核对电脑信息与所需补码牌号信息是否一致，最后实施补码计划。

③补码工作完成后，立即将已实施的计划码段进行回送操作，核对牌号、数量等信息，填写"卷包车间人工打码、移交确认单"，成品库管理员领取码段时对牌号及数量进行核对，并在"卷包车间人工打码、移交确认单"上签字确认。

④如遇到读取码段和回送码段出现故障时，参照（2）条款中第③条进行操作。

（8）其他。

①装封箱机组打码机发生故障，不能正常打码或是其他原因需要码段时，则由装封箱机负责人到 L13# 人工打码机上打印条形码。装封箱机台人员做好条码使用数量、去向的记录，并签字确认。

②装封箱机组打码材料与人工打码材料有所不同，装封箱机操作人员不得私自到封箱负责人区域拿取材料进行使用。

③如遇节假日需要进行人工补码操作时，值班班长根据人工补码时间，做好相关人员安排。补码人员在相应时间到岗完成补码工作。

4.6.5　封箱设备维护保养规范

装封箱机的保养分为清洁保养和维护保养。常规的清洁保养须每周对设备进行吹灰清洁，而维护保养则须对设备上的检测元件进行逐一检查，并进行清洁维护。对传动设备须查看其是否有松动现象，如果有松动现象应及时紧固。对气动部分进行检查，查看其是否有磨破、漏气的情况，如果有磨破、漏气，需要及时维修。对纸箱库丝杆进行润滑，保证纸箱库丝杆能正常工作。对真空吸盘进行检查，如果发现漏气，应及时更换真空吸盘。

（1）每日维护保养的内容。每日检查各光电检测元件的表面是否有灰尘、纸屑蒙蔽，确保各光电检测元件表面清洁，无污物；每日检查烟箱、烟条接触的部位是否有杂物或油污，若有油污，应用软抹布擦拭干净；每日检查操作显示屏及显示灯柱上的指示灯工作是否正常。

（2）每周维护保养的内容。每周检查设备上与烟箱、烟条接触部位的螺钉是否有松动现象；每周检查设备上各运动部件是否有螺钉松动现象，以免部件存在跑位或错位现象；每周检查各光电检测元件是否有螺钉松动现象，以免设备故障率增多。

（3）每月维护保养的内容。每月检查各运动部件中的轴承是否有磨损现象；每月检查润滑油路是否有漏油、缺油现象；每月检查减速箱是否有缺油、漏油现象；通过手轮盘车，检查各部件是否在正常的运动范围内；检查各传动链条的张紧、输送带的张紧情况，以及气管是否有漏气现象。

4.6.6　重点监控内容

（1）生产前的准备工作。

①了解本机台生产产品牌名，检查现场工艺执行单、标识是否正确。

②根据工艺执行单，检查所领取的材料是否与生产的产品工艺要求相符，并学习生产产品标准。

③做好设备清洁保养，确保烟条输送通道无灰尘、污渍及其他异物残留，避免烟条受到污染。

④做好设备关键点位的点检，确保设备运行正常，无异常响声。

⑤核对装封箱机箱装质量视觉在线检测牌号等参数设置是否正确，并做好检测装置有效性点检工作，确保检测能有效剔除缺陷烟或报警提醒。

⑥根据生产计划要求实施打码计划，核对日期、牌号、班别等信息是否正确。

⑦关闭防护罩，开通正压、负压，准备就绪。

⑧按照车间要求的检验标准，对每台包装机进入装封箱机的首件烟的外观质量进行全面检查，如发现质量问题及时进行解决。

（2）生产中的管控工作。

①观察设备运行是否正常，有无异常响声和异味，如有异常响声和异味，应立即关机检查，严禁设备带"病"运作。

②根据车间制定的封箱工序自检作业要求，对产品进行质量检查，查看条包外观、烟箱外观质量是否达到标准，并认真填写自检记录。

③及时把整理好的纸箱放在纸箱库内，补充消耗的纸箱。避免原辅材料不合格或使用不当引起质量问题。在添加纸箱过程中，对纸箱是否有错装、残缺、色差等质量问题进行检查确认，对有外观缺陷的纸箱进行隔离、报废。

④对打码机运行情况及一号工程码打码质量做好监督。

⑤在生产过程中，若遇到换牌生产，按照车间换牌操作细则进行操作。

⑥认真完成终端系统下发的工单及生产过程中自检记录工作。

（3）生产后的收尾工作。

①做好产品质量末次检查的工作，确保产品质量合格。

②清点纸箱使用数量及结余数量，与打码数量进行核对，做好产量统计工作。

③结束打码计划，回送码段。

④清空设备上成品、半成品及材料，对满件烟箱进行正常入库，少于50条烟条的烟箱按照车间要求填写标识，放置集中存放区域（平衡房）。

成型工序

5.1 工艺任务与流程

5.1.1 成型工艺任务

将符合质量要求的二醋酸纤维素丝束、聚丙烯纤维丝束、成形纸、黏合剂和增塑剂等材料加工成能满足产品设计要求的烟用滤棒（以下简称"滤棒"）。

5.1.2 成型工艺流程

滤棒的工艺流程由一套滤棒生产系统来完成。该系统由开松机、成型机、装盘机3个部分组成。开松机完成丝束开松及增塑剂施加，成型机完成卷制成型及分切，装盘机完成滤棒装盘任务。具体的成型工艺流程如图5-1所示。

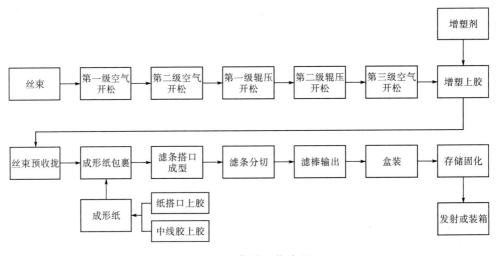

图5-1 成型工艺流程

5.2　滤棒质量要求

5.2.1　滤棒的分类

滤棒是以烟用丝束、滤棒成形纸等为主要原料，加工卷制成一定长度的圆形棒。滤棒用于加工滤嘴卷烟，对卷烟烟气粒相物具有一定的过滤作用，可滤去部分烟气中的焦油、烟碱等，减少烟气中的有害物质。滤棒主要有醋酸纤维滤棒、聚丙烯纤维滤棒和特种滤棒等。其中，特种滤棒包括埋线滤棒、复合滤棒、沟槽滤棒、异形滤棒等。

（1）醋酸纤维滤棒是以二醋酸纤维素丝束、滤棒成形纸为主要原料，经加工、卷制、分切制成的滤棒。目前，市场上的卷烟多数是醋酸纤维滤棒。醋酸纤维滤棒能显著减少烟气中的焦油量和烟碱量，具有无毒、无味、机械强度适中、易固化、加工性能好等优点，是目前比较理想的卷烟滤棒生产材料。

（2）聚丙烯纤维滤棒是以聚丙烯纤维丝束、滤棒成形纸为主要原料，经加工、卷制、分切制成的滤棒。该滤棒中的聚丙烯纤维松散，滤棒切割时易出现毛茬，滤棒硬度较差，对卷烟烟气吸味略有影响。该滤棒存在的缺点限制了其在高档卷烟中的应用。

（3）埋线滤棒是通过定位法在醋酸纤维滤棒中植入功能性的线的滤棒（如图5-2所示）。该滤棒内部含有一根或多根彩色芯线，其结构内的芯线可根据滤棒外观需求进行居中放置或对称排列。在应用过程中有纸质、棉质等多种材料选择，可依据材料特性制成不同粗细的芯线。芯线滤棒不但外观有个性、漂亮，而且可以改变主流烟气的路径，使烟气更平顺。同时，芯线也可作为载体吸附增香保润香精，从而达到视觉、味觉的双重效果。埋线滤棒卷烟如图5-3所示。

图5-2　埋线滤棒实物图

图5-3　埋线滤棒卷烟实物图

（4）复合滤棒。复合滤棒是由两种或两种以上不同料棒按一定比例复合加工制成的滤棒。目前广泛使用的是二元复合滤棒、三元复合滤棒和四元复合滤棒。相比醋酸纤维滤棒的单一结构类型，复合滤棒在结构上有着明显的区别。复合滤棒是由两段或多段不同结构的段节组合，在其段内可以添加各种功能性的固体、液体材料，这样的复合滤棒不仅可以选择性地吸附烟气中的有害成分，还可以弥补由减害降焦造成的香气流失。炭晶颗粒复合滤棒如图5-4所示，炭晶颗粒复合滤棒结构示意图如5-5所示。

图5-4　炭晶颗粒复合滤棒实物图

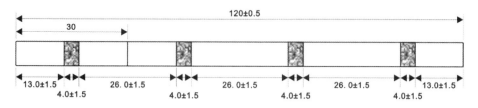

图5-5　炭晶颗粒复合滤棒结构示意图

注：滤棒一切四，图中"▨"表示颗粒填充段，数值单位为mm。

（5）沟槽滤棒。沟槽滤棒是以二醋酸纤维素丝束、专用纤维素纸和滤棒成形纸成型的滤棒。沟槽段丝束截面与成形纸之间的纤维素纸呈规则的沟槽形状。其结构是以醋酸纤维丝束滤芯为中心，外用压有凹槽的沟槽纸包裹，最外层包裹具有适当透气度的成形纸（或普通成形纸），内外包裹层之间形成一系列的沟槽。在相同滤棒吸阻条件下，沟槽滤棒的过滤能力优于普通醋酸纤维滤棒。咖啡颗粒沟槽滤棒卷烟如图5-6所示，咖啡颗粒沟槽滤棒实物剖面如图5-7所示，咖啡颗粒沟槽滤棒结构示意图如图5-8所示。

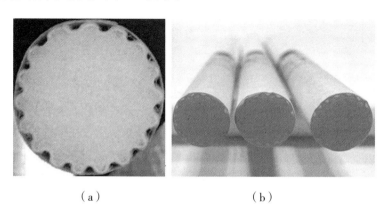

（a）　　　　　　　　　　（b）

图5-6　咖啡颗粒沟槽滤棒卷烟实物图

图5-7 咖啡颗粒沟槽滤棒实物剖面图

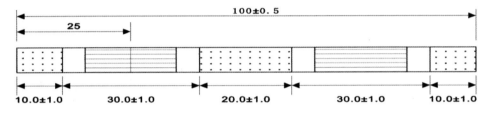

图5-8 咖啡颗粒沟槽滤棒结构示意图

注：滤棒一切四，"▦"表示颗粒料棒段，"▤"表示沟槽滤棒段，数值单位为 mm。

（6）异形滤棒。异形滤棒普遍为中空结构，利于特殊工艺加工制成端部可见图案的空腔滤棒。空腔图案设计多样，近年来发展为五星、六星等外围非圆形的异形滤棒。异形滤棒外观独特，同时在图案设计上起到一定的防伪作用，近年来在卷烟产品上广泛应用。六星空管滤棒如图 5-9 所示，六星空管复合滤棒结构示意图如图 5-10 所示。

图5-9 六星空管滤棒实物图

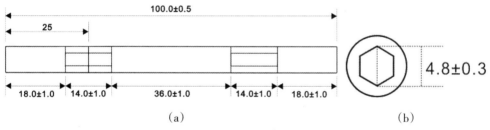

图5-10 六星空管复合滤棒结构示意图

注：滤棒一切四。图（a）表示复合滤棒结构图，图中"▭"表示六星空管段；图（b）表示空管段截面示意图。数值单位为 mm。

5.2.2 滤棒主要物理质量指标要求

醋酸纤维滤棒的物理质量指标要求见表 5-1，醋纤沟槽滤棒的物理质量指标要求见表 5-2，复合滤棒的物理质量指标要求见表 5-3。

表 5-1 醋酸纤维滤棒的物理质量指标要求

序号	参数名称	指标与允差
1	长度 /mm	设计值 ±0.5
2	圆周 /mm	设计值 ±0.20
3	压降 /Pa	设计值 ±250
4	硬度	≥82.0%
5	含水率	≤8.0%
6	圆度 /mm	≤0.35

表 5-2 醋纤沟槽滤棒的物理质量指标要求

序号	参数名称	指标与允差
1	长度 /mm	设计值 ±0.5
2	圆周 /mm	设计值 ±0.20
3	压降 /Pa	设计值 ±250
4	硬度	≥82.0%
5	含水率	≤8.0%
6	圆度 /mm	≤0.35
7	沟槽深度 /mm	设计值 ±0.05
8	沟槽排列结构 /mm	设计值 ±1.0

表 5-3 复合滤棒的物理质量指标要求

序号	参数名称	指标与允差
1	长度 /mm	设计值 ±0.5
2	圆周 /mm	设计值 ±0.20
3	压降 /Pa	设计值 ±300
4	含水率	≤ 8.0%
5	圆度 /mm	≤ 0.35
6	复合结构 /mm	设计值 ±1.0

5.2.3 滤棒外观质量要求

（1）滤棒通用外观质量。

①滤棒不应有胶孔。

②滤棒端面切口无毛边、无毛茬，切口应平齐；滤棒截面与中轴线垂直，切口斜面高度差应小于或等于 0.5 mm。

③滤棒无缩头，不应有面积大于横截面 1/3 且深度大于 0.5 mm 的缩头。

④滤棒表面应洁净，不应有长度大于 2.0 mm 的不洁点（油渍、黄斑、污点），或长度虽不大于 2.0 mm 但多于 3 点的不洁点。

⑤滤棒表面应光滑，不应有破损、折皱；不应有环绕 1/3 周以上的皱纹或虽小于 1/3 周但皱纹数大于 2 条或长度大于 10.0 mm 的竖皱纹，或长度虽小于或等于 10.0 mm 但皱纹数大于或等于 2 条的竖皱纹。

⑥滤棒搭口应匀贴牢固、整齐，不应翘边、泡皱，不应有拱高大于 1 mm 的轴向弯曲。

⑦滤棒端面切口不应出现白点，若出现沿滤棒截面与中轴线垂直方向剖面撕开滤棒，撕开面不应有带状未开松丝束，或带状未开松丝束长应小于 2 cm。

⑧若出现触头，应满足触头弧长小于或等于 5.0 mm，且触点深度小于或等于 3.0 mm。

⑨滤棒经 90° 扭转，搭口一次爆开长度不应大于支长的 1/6。

⑩滤棒的丝束棒与成形纸之间应有内粘接线。

⑪滤棒应固化良好，不应变形，不得有异味。

（2）埋线滤棒特殊外观质量要求。

①埋线滤棒应有功能中线，且不应出现折皱。

②埋线滤棒功能中线中心度应大于或等于 2.8 mm。

③埋线滤棒功能中线不应有缩头，如有缩头，其深度不应大于 1.0 mm。

（3）复合滤棒特殊外观质量要求。

①复合滤棒中各料棒段应交替排列，不应有料棒段错位或缺失的现象。

②复合滤棒不应有分层。

③复合滤棒的料棒与料棒之间不应有大于 1.0 mm 的间隙。

④复合滤棒的颗粒段截面颗粒成分应分布均匀，不应明显集中于某个区域。

⑤复合滤棒空腔段表面应光滑，不应有破损、折皱、塌陷。

⑥任何一段料棒的滤芯与成形纸之间、料棒与外部成形纸之间，应有粘贴牢固的内粘接线。

⑦复合滤棒搭口及料棒与成形纸之间应洁净，如夹有颗粒或杂物，则长度不应大于 1.0 mm，且不应多于 3 点。

（4）沟槽滤棒特殊外观质量要求。

①沟槽滤棒的纤维素纸中沟槽段与无沟槽段应按顺序排列，不应有错位现象。

②沟槽滤棒的纤维素纸应包裹丝束滤芯，其搭口缝隙或重叠不应大于一个沟槽的宽度。

③沟槽滤棒的沟槽不应有空洞，纤维素纸应无折叠、无破损。

④沟槽滤棒的成形纸与纤维素纸之间应有粘接牢固的内粘接线。

（5）爆珠滤棒其他外观质量要求。

①爆珠滤棒中各爆珠位置应按设计排列，不应有爆珠错位的现象。

②爆珠滤棒中不应有爆珠数目不符合要求、爆珠破损、爆珠中料液不满的现象。

（6）贮存要求。

①滤棒应贮存在清洁、干燥、通风、防火的仓库内。滤棒贮存环境应符合生产现场环境温度、湿度的技术要求。

②箱式包装堆放层数不得高于 5 层，托盘包装堆放层数静态不应高于 3 层，动态不应高于 2 层，以防滤棒过度受压。

③滤棒不得与有异味的物品、易燃物品及化学物品同时贮存在一处。

④滤棒的贮存期自生产之日起不应超过 6 个月。

5.2.4　滤棒生产及发射的相关要求

（1）滤棒生产若超过 3 天不使用的，应使用滤棒小盒、塑料袋进行装箱密封，并做好牌号、生产日期、机台号的标识，以确保产品质量追溯（除贮库滤棒外）。

（2）颗粒滤棒生产若超过 24 h 不使用的，应使用滤棒小盒、塑料袋进行密封，塑料袋宜使用塑封机封口，以确保产品的特征质量。

（3）库存中的各种规格滤棒，在满足固化时间大于或等于 4 h 且滤棒质量符合标准要求后方可发射使用。

（4）滤棒在发射状态下，相关人员应对发射滤棒规格及发射对应的卷接机台号进行标识。

（5）滤棒在发射过程中塑料托盘在回盘时，应确保塑料托盘无残留物。

5.3　滤棒材料

5.3.1　烟用丝束

烟用丝束（以下简称"丝束"）是加工滤棒时所使用的纤维丝束，由多根长纤维组成，呈长条带状。目前，我国广泛使用的是二醋酸纤维素丝束（如图 5-11 所示）。二醋酸纤维素丝束具有良好的吸附性，用其制作的烟用滤嘴具有很好的热稳定性，且吸附力强、截滤效率显著，既能减少烟气中的有害成分，又能保持卷烟口感，是当前卷烟过滤嘴的首选材料。

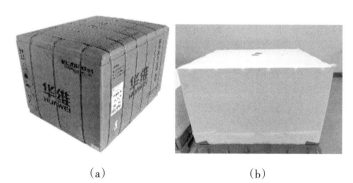

（a）　　　　　　　　　　（b）

图5-11　烟用二醋酸纤维素丝束实物图

（1）丝束质量要求。

①安全性要求。丝束应无毒、无异味。丝束组分应满足《烟用材料许可物质名单第7部分：烟用二醋酸纤维素丝束》（YQ 15.7—2020）的要求。

②理化指标。丝束的理化指标应符合表5-4的要求。

表5-4　丝束的理化指标要求

序号	项目	单位	要求	
1	单丝线密度	dtex	设计值 ±0.25	
2	丝束线密度	ktex	设计值 ±0.10	
3	卷曲数	个 /25 mm	设计值 ±4	
4	丝束线密度变异系数		≤ 0.60%	
5	断裂强度	N/ktex	常规丝束	≥ 18.0
			特规丝束	≥ 16.0
6	单丝截面形状		"Y" 形	
7	回潮率		≤ 8.0%	

③外观要求。丝束在包内应规则铺放，易于抽出。丝束不应有滴浆、切断、分裂和毛边等缺陷。同一批丝束的色泽应一致。丝束在包内的接头数不应超过两个，并在接头处应有明显的标志。

④包装、标志、运输和贮存要求。丝束包应采用有一定强度、不易破损的材料包装并捆扎牢固。丝束包应有丝束顶端、底端标志及合格证。丝束外包装应有产品名称、产品标准编号、生产企业名称、地址、商标、丝束规格、生产日期、毛重、净重、丝束包编号、许可证编号（仅适用于国内丝束）、物流跟踪码、防潮、勿倒置等标志。运输丝束包的载货箱体应干燥、清洁、无异味。在运输过程

中应有防潮、防雨淋的措施，勿与潮湿或有异味的物品混装。丝束包应存放在清洁、无异味、干燥且通风良好的仓库中，丝束包堆放层高不应超过 4 包。自丝束生产之日起，存放时间不应超过 18 个月。

（2）丝束主要质量指标。

①单丝线密度（单丝旦数）。单丝线密度是指一根长 1 000 m 单丝的质量克数，单位为特（克斯），单位符号为"tex"。单丝线密度也可以用旦尼尔（den）来表示，简称"旦"，表示长 9 000 m 的单丝克重。以下为单位换算：

1 tex（特）=9 den（旦）；

1 tex（特）= 10 dtex（分特）；

1 ktex（千特）= 1 000 tex（特）。

单丝线密度是确定丝束规格的主要技术指标之一，它表征的是单根丝的粗细。单丝线密度大小不但与滤棒的过滤效率有关，而且与滤棒的压降有密切关系。在丝束线密度一定的情况下，单丝线密度越小，滤棒的压降越高；单丝线密度越大，滤棒的压降越低。

②丝束线密度（丝束总旦）。丝束线密度是在一定拉伸力下长 1 000 m 丝束的质量克数，单位符号为"tex"或"dtex"。丝束线密度表征的是一束纤维丝束中的单丝根数，在单丝线密度相同的情况下，丝束线密度越大，丝束中所含单丝的根数就越多。随着丝束线密度的不断增加，滤棒质量、压降、硬度呈增加的趋势，且丝束线密度的波动可直接反映在滤棒质量上。丝束标识如图 5-12 所示。

图5-12 丝束标识图

③卷曲数。卷曲数是指一根长 25 mm 的纤维上波状弯曲的个数，单位为"个 /25 mm"。丝束必须经过卷曲才能加工成符合要求的滤棒和具有较好过滤烟气的特性。调整卷曲机的参数可改变丝束的卷曲数。目前，丝束的卷曲数大致为 25 个 /25 mm。卷曲数的变化不但影响丝束的出棒率，而且影响成形后滤棒的硬度和压降，从而影响卷烟产品的吸阻。适当、均匀的丝束卷曲数有助于增加滤棒的硬度，提高滤棒过滤效率，减轻滤棒质量，降低滤棒成本，使滤棒不易产生缩头。卷曲的个数多，则纤维间的摩擦力增加，静电干扰增加，不易开松；卷曲的个数少，则纤维间的抱合力降低，不能形成完美的网状，丝束带易分裂，对滤棒的压降稳定性、烟气过滤效率的稳定性都不利。

④断裂强度。丝束的断裂强度是指当拉力能够将丝束拉断时，丝束所受的最大拉力与丝束线密度之比，以"N/ktex"表示。由于醋酸纤维丝束加工成形的生产需要，醋酸纤维丝束必须满足一定的强度。适宜的断裂强度可以提高其加工性，减少"飞花"。

⑤截面形状。单丝截面形状一般有"Y"形、"R"形、"I"形、"X"形、"O"形等，单丝截面形状不同，比表面积不同，过滤效率也不同。通常将丝束制成横截面切片，在一定放大倍数的显微镜下观察丝束截面形状。研究表明，"Y"形截面的纤维使丝束具有较好的蓬松性和较大的比表面积，可以降低丝束消耗及提高烟气过滤效果。单丝"Y"形截面如图 5-13 所示。

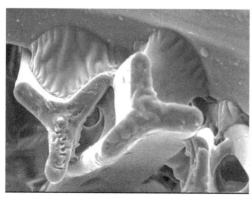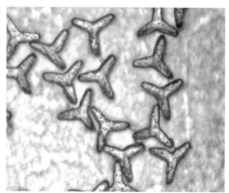

图5-13　单丝"Y"形截面

⑥水分含量。水分含量是二醋酸纤维素丝束的一个重要技术指标，指试样

在规定的烘干温度下烘至恒重时所减少的质量与试样原质量之比，以质量百分数（％）表示。由于烟用醋酸纤维丝束在干燥状态下易吸湿，而醋酸纤维丝束的计价以重量为准，因此水分含量是供需双方较为关注的指标。另外，适宜、稳定的丝束水分在滤棒生产中还起到减少"飞花"、稳定滤棒水分和滤棒硬度的作用。

5.3.2　滤棒成形纸

滤棒成形纸是指在加工滤棒时，用于卷包滤材的专用纸（如图 5-14 所示）。滤棒成形纸主要有普通滤棒成形纸和高透滤棒成形纸。普通滤棒成形纸是对透气度没有特殊要求的滤棒成形纸。高透滤棒成形纸是对透气度有明确要求的滤棒成形纸。普通滤棒成形纸几乎没有透气度，纸的定量一般在 20 ～ 30 g/m^2。高透滤棒成形纸的透气度通常为 3 000 ～ 30 000 CU。

图5-14　滤棒成形纸实物图

（1）安全性要求。滤棒成形纸不应有异味，不应使用对人体有害的物质，应符合《食品包装用原纸卫生要求》（GB 11680）。滤棒成形纸的成分应满足《烟用材料许可物质名单第 3 部分：滤棒成形纸、烟用接装纸和烟用内衬纸》（YQ 15.3）的要求，同时还应符合国家及行业相关要求。

（2）外观要求。滤棒成形纸组织均匀、柔软细腻。纸面上不应有折痕、裂口、污点、浆块、皱纹、硬质块、孔眼及其他影响使用的纸病。同一批滤棒成形纸不应有明显色差，纸内不应加入荧光增白剂。切后滤棒成形纸卷盘应紧密、松紧一致，盘面平整、洁净，不应有机械损伤。卷芯应牢固，由不易变形的材料制作，内芯宽度应与滤棒成形纸宽度相符，卷芯内径为（120±0.5）mm。每盘接头个数不应多于一个，接头应平整、牢固，粘接处不应透层且有可识别标记，接头质量不应影响滤棒成形纸的质量。滤棒成形纸与卷芯搭接处卷芯和盘纸易于分开，且暴露在外的表层部分不应有粘胶存在。

（3）包装、标志、运输和贮存要求。滤棒成形纸的包装和标志按《纸张的包装和标志》（GB/T 10342—2002）的相关规定，每个包装单位上应标明产品名称、执行标准编号、生产企业名称、地址、注册商标、滤棒成形纸规格、检验员代码，并有防尘、防潮、防挤压的标记；滤棒成形纸生产企业应保证产品质量，不应混装、错装、少装，在符合本标准要求的包装单上附上质量检验合格证，质量检验合格证应标明检验员代码；每盘纸盘芯上应标明规格（宽度 × 长度）、生产企业名称、定量、生产日期、可追溯的质量标志。高透滤棒成形纸应标明透气度设计值。产品运输工具应保持干燥、清洁、无异味。在运输过程中应防雨、防潮、防晒、防挤压，不应与有毒、有异味、易燃等物品同车运输，装卸时应小心轻放。产品存放应保持干燥、良好通风，不应与有毒、有异味、易燃等物品同时贮存；贮存期从生产之日起不超过 24 个月。

5.3.3 增塑剂

增塑剂主要是在醋酸纤维滤棒成型时使用，使用增塑剂的目的是增加滤棒硬度，改善成型时的加工性能。增塑剂要求无色、无味、无毒害，与二醋酸纤维素丝束结合后在常温下可使纤维表面溶解、粘连、固化。醋酸纤维滤棒成型常用的增塑剂有三乙酸甘油酯。三乙酸甘油酯具有无色、无味、无毒、溶解力与固化速度相当，且有改善卷烟烟气品质的作用，是醋酸纤维滤棒成型采用最广泛的增塑剂。

（1）外观要求。烟用三乙酸甘油酯为无色、油状液体，不含机械杂质。

（2）包装、标志、运输和贮存要求。三乙酸甘油酯包装容器上应有牢固、清晰的标志，其内容包括产品名称、生产企业名称、地址、注册商标、批号或生产日期、毛重、净重、执行标准编号及可追踪的标记等。每批产品出厂时应有质量合格证明。三乙酸甘油酯应使用坚固、密封、清洁、干燥的塑料桶或钢桶包装，每桶净重误差不应大于标称净重的0.5%。三乙酸甘油酯产品在运输时应小心轻放，不应敲击、倒置，应贮存在阴凉、干燥、通风和防火的仓库内。三乙酸甘油酯产品的保质期为自生产之日起不超过12个月。

5.3.4 黏合剂

滤棒成型使用的黏合剂主要用于黏合成形纸搭口和中心线上胶。由于成型机（机速在250 m/min以上），完成封口时间短，宜采用熔点在95～110 ℃之间的热熔胶。热熔胶是在熔融状态下进行涂布，冷却成固态即完成胶接的一种胶黏剂（如图5-15所示）。热熔胶的缺点是热稳定性差，粘接强度低。

图5-15 热熔胶

（1）外观要求。热熔胶在常温下应呈浅黄色或乳白色固体颗粒，无异味、无异物、无碳化物。热熔胶熔融后为透明或半透明黏稠液体，不含水分，无异物、无碳化物，颜色均一、稳定。包装用的热熔胶，其颜色和粒状要求与标样一致。

（2）包装、标志、运输和贮存要求。热熔胶应用牢固、密封、清洁、干燥的塑料桶、纸桶、木桶、铁桶、纸箱或编织袋包装，在装入纸桶、木桶、铁桶、纸箱或编织袋前应使用塑料袋进行小袋密封包装，包装净含量不应少于其标定质量。在每个包装容器的明显部位上应标明产品名称、牌号、商标、批号、规格、净重、生产日期、生产厂名、厂址、联系电话等专用标签。运输装卸时应轻抬、轻放，以免破损。运输时不应与有毒或有异味的物品混装、混运，应防止日晒、受潮和被雨淋。热熔胶为非危险品，应存放在阴凉、通风、干燥的场所，防止日晒，应隔绝火源，远离热源，不应与有毒、有异味的物品混放。热熔胶产品自生产之日起，保质期不应超过1年。

5.4　成型设备

滤棒成型设备自20世纪50年代问世，目前国内滤棒生产企业使用的主力滤棒成型设备有ZL22型（KDF2）纤维滤棒成型机及其改进型，生产运行速度为400 m/min；ZL29型（KDF4）纤维滤棒成型机及其改进型，生产运行速度为600 m/min。纤维滤棒成型设备的发展历程见表5-5，国内纤维滤棒成型设备的发展历程如图5-16所示。

表5-5　纤维滤棒成型设备的发展历程

单位：m/min

国内机型	生产能力	国外相关机型
ZL21	140	
ZL22	400	德国虹霓公司 KDF2
ZL26	600	德国虹霓公司 KDF3 德国虹霓公司 KDF5
ZL27	500	
ZL28	2×500（双通道）	德国虹霓公司 KDF-M、 意大利 G.D 公司 DF10
ZL29	600	德国虹霓公司 KDF4

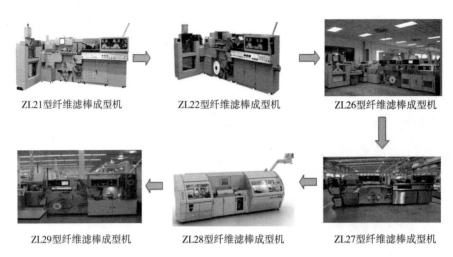

ZL21型纤维滤棒成型机　ZL22型纤维滤棒成型机　ZL26型纤维滤棒成型机

ZL29型纤维滤棒成型机　ZL28型纤维滤棒成型机　ZL27型纤维滤棒成型机

图5-16　国内纤维滤棒成型设备的发展历程

5.4.1　ZL22型纤维滤棒成型机

ZL22型纤维滤棒成型机是德国虹霓公司KDF2滤棒成型机的国产型号，由YL12开松机、YL22成型机和YJ35装盘机3个部分组成（如图5-17所示），完成丝束开松至滤棒装盘的成型工艺。

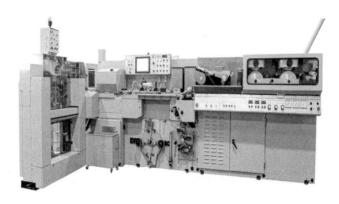

图5-17　ZL22型纤维滤棒成型机

（1）YL12开松机。YL12开松机的作用是将打包的纤维丝束通过由空气开松器、预拉辊、开松辊组成的开松系统打乱卷曲排列，从而获得有效的开松，然后通过喷洒室均匀地涂上增塑剂（三乙酸甘油酯），再送入成型机成型。

YL12 开松系统由空气开松器、辊压开松系统、增塑剂施加系统等组成，如图 5-18 所示。丝束从第一级空气开松器经第二级空气开松器梳理并横向展宽后牵引至预拉辊。预拉辊是从动辊，具有稳定丝束张力的作用。两对开松辊之间保持速率差，第二开松辊比第一开松辊快，产生的纵向拉力使丝束纵向开松，经开松后的丝束被第三级空气开松器展开至适当宽度，然后进入喷洒室施加增塑剂，最后由输送辊输送至高压空气喷嘴进入成型部分。

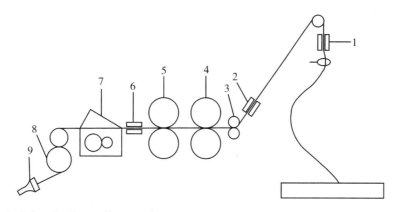

1- 第一级空气开松器；2- 第二级空气开松器；3- 预拉辊；4- 第一开松辊；5- 第二开松辊；
6- 第三级空气开松器；7- 喷洒室；8- 输送辊；9- 高压空气喷嘴。

图5-18　YL12开松系统示意图

以下为 YL12 开松机的技术参数：

①生产能力：与成型机的最大输出线速度 400 m/min 相匹配。

②工作范围：所有已知符合标准的丝束制品。

③压缩空气耗量：高压压缩空气（由成型机供给），耗气量约 0.5 m³/h，压力为 0.4 MPa；低压压缩空气（自供给），耗气量约 250 m³/h，压力为 0.016 MPa。

④消耗功率：4.4 kW。

⑤重量（净重）：1 100 kg。

（2）YL22 成型机。YL22 成型机的作用是将 YL12 开松机开松和施加增塑剂的丝束卷制成滤棒条。成型机比开松机较复杂，所有的原辅材料都在这里会集，最终形成成品——滤棒。该成型机包含的机械部件较多，控制系统复杂，如图 5-19 所示。YL22 成型机由一个中央供气系统或通过一个带有干式冷却的分级空压机来完成供气。YL22 成型机主要包括以下功能块：①主传动系统通过一个伺服电机来驱动。②压缩空气系统可以由压缩空气中心站供应，也可用单独的压缩机供应。吸入空气和吹出空气（低压）可以由安装在机器上的两台风机提供。③在生产运行中，能够有目的地取出干棒或湿棒。④盘纸供给系统可以在机器不停机、不降速的情况下，自动将旧纸盘转换为新纸盘。⑤胶液系统提供接缝胶和中线胶两条胶线，接缝胶为热熔胶，中线胶为白乳胶。⑥切割装置把滤条切割成一定长度的滤棒，剪切由装在刀盘上的两把刀片来完成。⑦滤棒通过"V"形导轨和加速器进入收集辊，然后传送到装盘机。

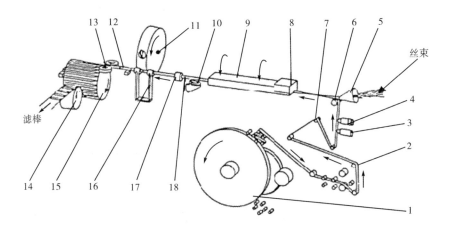

1- 盘纸供给系统；2- 纸带；3- 冷胶嘴；4- 热胶嘴；5- 送丝喷嘴；6- 入口指形件；7- 纸加速辊；
8- 加热干燥室；9- 粘接室；10- 剪断装置；11- 刀头；12- 滤棒；13- 加速器；14- 转移辊；
15- 收集辊；16- 摆架；17- 测量装置；18- 滤条。

图5-19　YL22成型机示意图

以下为 YL22 成型机的技术参数：

①输出线速度：最大为 500 m/min（最大每分钟输出 5 000 支）。

②滤棒长度：60～150 mm。

③滤棒直径：6～9 mm。

④压缩空气需要量：0.5 MPa 压缩空气需要量约 30 m³/h。

（3）YJ35 装盘机。YJ35 装盘机的作用是将 ZL22 型纤维滤棒成型机送来的滤棒排列整齐地自动装入烟盘的设备。YJ35 装盘机主要由电器操纵、烟库、填充机构、平整机构、链条托架装置、链条驱动装置、满烟盘、满盘台、提升台、空盘台、填充驱动装置和空烟盘组成，如图 5-20 所示。

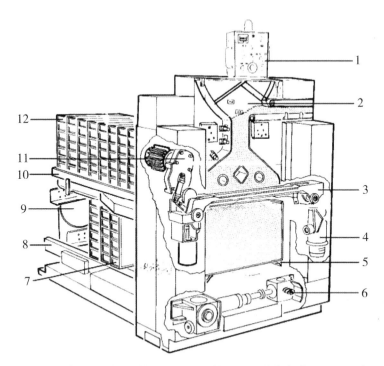

1- 电器操纵；2- 烟库；3- 填充机构；4- 平整机构；5- 链条托架装置；6- 链条驱动装置；
7- 满烟盘；8- 满盘台；9- 提升台；10- 空盘台；11- 填充驱动装置；12- 空烟盘。

图5-20　YJ35装盘机示意图

操纵前期，操纵箱使前方连接机送来的烟支或滤棒经烟库、填充机构、平整机构和填充驱动装置，将烟支或滤棒均匀、整齐地排列到由空盘台送来的空烟盘内。在链条驱动装置的配合下，将满烟盘送到提升台前，在提升台的作用下把满烟盘提升到人工待取走的位置。

以下为 YJ35 装盘机的技术参数：

①装盘能力：10 000 支 /min。

②滤棒直径：6 ～ 9 mm。

③滤棒长度：60 ～ 150 mm。

④烟盘最大尺寸：外形为 760 mm（长）×430 mm（宽）×173 mm（高），内形为 680 mm（长）×420 mm（宽）×160 mm（高）。

⑤噪声：65 dB。

⑥频率：50 Hz。

⑦额定功率：1.073 kW。

⑧外形尺寸：2 305 mm（长）× 2 200 mm（宽）× 1 904 mm（高）。

5.4.2　ZL29 型纤维滤棒成型机

ZL29 型纤维滤棒成型机主要由 YL19 型纤维开松上胶机和 YL29 型纤维滤棒成型机两台整机组成。ZL29 型纤维滤棒成型机与旧型号 ZL22 设备相比，在总体结构、丝束开松工艺、电气自动化控制等方面得到了较大改进，性能不断提升。该成型机采用新型开松工艺和多轴伺服电机驱动，使机械式齿轮传动大幅减少；主电机、风机、电控柜等均采用循环冷却水进行冷却，使噪声更低、振动较小、冷却效果较好。通过特殊的工艺，使加工丝束的能力有所提高，处理上更加轻柔。ZL29 型纤维滤棒成型机总体布局如图 5-21 所示。

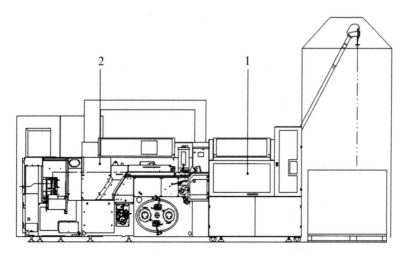

1-YL19 型纤维开松上胶机；2-YL29 型纤维滤棒成型机。

图5-21　ZL29型纤维滤棒成型机总体布局

以下为 ZL29 型纤维滤棒成型机的技术参数：

额定生产能力：6 000 支 /min（滤棒长度≤ 100 mm 时）。

额定生产速度：600 m/min。

滤棒直径：7.60 ～ 7.79 mm。

滤棒长度：100 ～ 144 mm。

（1）YL19 型纤维开松上胶机丝束开松工艺流程（如图 5-22 所示）。YL19 型纤维开松上胶机主要由操作面板箱、风力及气动系统、传动系统、电控系统、丝束输入装置、空气开松装置、伸展与松弛装置、丝束传递装置、增塑剂上胶系统等组成。YL19 型纤维开松上胶机丝束开松工艺流程是由 YL19 型纤维开松上胶机将丝束从丝束包中抽出，利用第一、第二级空气开松器及其携带的风力将原本具有一定卷曲度和不规则截面形状的纤维丝束强制吹松、吹散后，经制动辊组平衡，再经过输入辊组与伸展辊组进一步横向及纵向开松，使其在合理的张力作用下完整地分离、错开并达到良好的开松效果。然后经第三级空气开松器使丝束进一步均匀展开到所设定的开松宽度，通过增塑剂喷雾室进行均匀喷洒增塑剂，再经导向辊松弛、卷曲回复，由楔形槽辊预收拢后送入 YL29 型纤维滤棒成型机。

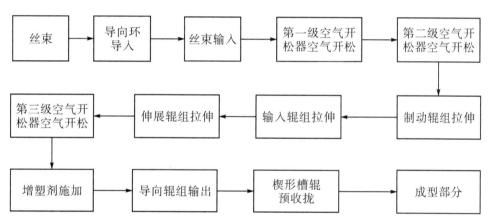

图5-22　YL19型纤维开松上胶机丝束开松工艺流程

①丝束输入。丝束被从丝束包中抽出，经导向环限位并输送至第一级空气开松器。

②第一级空气开松器空气开松。丝束在此处被低压热风初步吹松、吹散。

③第二级空气开松器空气开松。丝束在此处被再次吹松、吹散，形成一定的展幅。

④制动辊组拉伸。制动辊由一组无驱动力的从动辊组成，起预拉伸和稳定丝束的作用，转速与丝束拉力成一定比例，使丝束能以均匀的拉力输送。

⑤输入辊组拉伸。控制丝束的进料，使丝束在输入辊组和制动辊组之间预伸展。

⑥伸展辊组拉伸。伸展辊组的转速快于输入辊组，使丝束在伸展辊组和制动辊组之间被完全拉伸展开。

⑦第三级空气开松器空气开松。丝束在此处被完全吹松、吹散，展幅达到最大。

⑧增塑剂施加。增塑剂上胶系统在导向辊组和伸展辊组之间将经过完全开松的丝束均匀喷洒增塑剂。

⑨导向辊组输出。导向辊组的转速慢于伸展辊组，使丝束在导向辊组和伸展辊组之间被松弛。

⑩楔形槽辊预收拢。将楔形槽辊预收拢后的丝束输送至输送喷嘴。

（2）YL29 型纤维滤棒成型机工艺流程（如图 5-23 所示）。YL29 型纤维滤棒成型机主要由 VISU 图文操作系统、风力及气动系统、传动系统、控制系统、供纸系统、上胶系统、滤条成型系统、滤棒直径控制装置、滤棒切割系统、滤棒输出系统、润滑与冷却系统等组成。YL29 型纤维滤棒成型机相比以往机型（如 ZL22），设备更加柔性化，自动化程度更高，运行更加稳定。YL29 型纤维滤棒成型机的工艺流程是输送喷嘴接收 YL19 型纤维开松上胶机处理后的丝束，并将其导入烟枪入口舌；上胶系统在供纸系统所传送的成形纸上均匀涂抹热熔胶和中线胶，已上胶的成形纸将输送喷嘴输送来的丝束在压板处将其包裹成圆状，在烟枪部位按相关要求（如滤棒直径、滤棒圆度等指标）进行搭口黏合，经断条器切断的滤条再经过滤棒直径检测系统后导入滤棒切割系统并切割成一定长度的滤棒，最后由滤棒输出系统将合格的滤棒输送至下游设备。

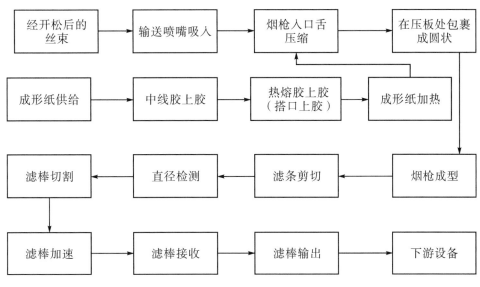

图5-23 YL29型纤维滤棒成型机工艺流程

①输送喷嘴。借助压缩空气将YL19型纤维开松上胶机处理后的丝束输送到烟枪入口舌。

②烟枪入口舌。丝束在此处被压缩、聚拢成型、输送，并被放在成形纸上。

③压板。在滤条成型过程中起辅助作用，上胶后的成形纸在此处将丝束包裹成圆状。

④上胶。上胶系统对成形纸施加热熔胶和中线胶后导入滤条成型系统。

⑤烟枪成型。丝束在压板处包裹成形纸后经此处被卷制成滤条。

⑥滤条剪切。设备开始运行时，滤条剪切装置剪切滤条，使其导入滤棒直径控制系统。

⑦直径检测。滤条直径在直径检测装置中检测，检测数据由电控系统进行数据分析和反馈。

⑧滤棒切割。滤条在此处被切割成一定长度的滤棒，并逐一输送到滤棒输出系统。

⑨滤棒加速。滤棒加速装置的速度与滤棒长度相匹配，通过两个加速轮将滤棒分别送入接收鼓轮。

⑩滤棒接收。接收鼓轮利用负压使推入的滤棒在鼓轮上减速、校准和停留后

再将其输送到传递鼓。

⑪滤棒输出。传递鼓利用负压接收来自接收鼓轮的滤棒，并将其输送至输送皮带。

⑫输送皮带。传递鼓将滤棒输送至输送皮带，再经输送皮带传送至下游设备。

（3）成型工艺操作对滤棒性能的影响。成型工艺对滤棒性能影响的因素有很多，如螺纹辊速比、丝束开松宽度、成型机车速、增塑剂用量、丝束填充量等。

①丝束开松宽度对滤棒吸阻和硬度的影响。丝束开松的效果直接影响滤棒性能，而开松宽度可反映丝束开松的效果。在滤棒质量一定时，当丝束开松宽度较窄、开松不足时，滤棒吸阻减小，吸阻变异系数增大，滤棒硬度减小。反之，丝束开松良好，开松宽度适当，滤棒吸阻增加，而吸阻变异系数减小，质量更趋于稳定，同时滤棒硬度有所增加。但当丝束开松宽度过宽，或开松过度时，容易造成丝束缠辊。一般输出辊的醋酸纤维丝束开松宽度在（225±25）mm 较适宜。

②开松辊速比对滤棒成型质量的影响。开松辊速比包括螺纹辊 F2 与螺纹辊 F1 的速度比（F2/F1）和螺纹辊 F2 与输出辊的速度比（F2/D）。两者对滤棒成型质量均会有所影响。当 F2/F1 一定时，随着 F2/D 的增大，吸阻与硬度稍有增高；当 F2/D 一定时，随着 F2/F1 增大，吸阻与硬度稍有降低。

③增塑剂施加量对滤棒硬度的影响。在滤棒成型中增塑剂的施加量直接影响滤棒的硬度，如使用三乙酸甘油酯，当增塑剂的施加量在 12％以下时，随着增塑剂的施加量增加，滤棒的硬度也相应增大，但增塑剂的施加量较高时，会引起醋酸纤维过分溶化，在滤棒截面形成孔洞。增塑剂的施加量通常为 10％左右。使用丝密度较高的丝束时，增塑剂的施加量可以适当减少；使用丝密度较低的丝束时，增塑剂的施加量应适当增加。

增塑剂施加量的检测：按同样条件（丝束相同、生产速度相同、各辊速比相同）取无添加增塑剂的 100 支滤棒，又称"干棒"，测定其重量为 W1；取添加了增塑剂的 100 支滤棒，又称"湿棒"，测定其重量为 W2；测算出增塑剂施加量，施加比例 =（W2–W1）÷ W2 × 100％。

示例：图 5-24 取样的干湿棒计算增塑剂施加比例。

施加比例＝（W2－W1）÷W2×100％＝（69.082–64.095）÷69.082×100％＝7.22％。

（a）　　　　　　　　　　　　　　（b）

图5-24　干湿棒称量实物图

④丝束填充量对滤棒吸阻、硬度的影响。滤棒中的丝束填充量不仅影响滤棒的吸阻，还会影响滤棒的硬度。随着丝束填充量的增加，滤棒的硬度也相应增大。

⑤滤棒放置的时间与环境、硬度的关系。如果从添加增塑剂开始，至滤棒成型后 24 h 达到的硬度为 100％，则成型 1 h 后达到的硬度为 50％，成型 4 h 后达到的硬度约为 80％。当环境温度较高（33 ℃）、相对湿度适中（59％）时，硬化速度较快，最终硬度较高；当环境温度较低（4 ℃）、相对湿度较低（40％）时，硬化速度较慢，最终硬度较低。

5.4.3　成型设备的保养

（1）ZL22 型纤维滤棒成型机的保养。

① ZL22 型纤维滤棒成型机的日保养规范见表 5-6。

表 5-6　ZL22 型纤维滤棒成型机的日保养规范

序号	项目	使用工具	要求及注意事项	保养效果
1	班前准备工作			
	准备保养用具，如干抹布、湿抹布、通条器、钩刀、刮刀、风枪、锯片刀等			
2	拆卸相关零部件			
	取下烟舌、布带防护板和布带，拆下喇叭嘴机构、布带盘防护罩和加速轮防护罩，打开刀头防护罩，取下刀片，将拆卸的零部件整齐地放在指定的位置，注意人身和设备零部件安全			
3	设备吹灰			
	清洁开松机（AF）开松部位	风枪	用高压气清洁	无明显丝束、灰尘
	清洁甘油喷洒除尘罩		轻吹，避免杂物进入喷洒室内	
	清洁旁通式鼓风机、甘油箱及其周围		用高压气清洁	无明显灰尘
	清洁导纸辊、布带传递辊、冷热胶枪喷嘴、烟枪			
	清洁刀盘及其周围、喇叭嘴机构周围、加速器及其周围			
	清洁装盘机满盘输送带及其周围			无废支及明显灰尘
	清洁分烟轮、转向轮、中间轮、输出轮			
	清洁皮带盘、主电机及其周围			
	清洁油冷却器及其周围			无明显灰尘
	清洁 AF 身后			
	清洁整机表面			
4	清洁保养			
	清洁布带传递辊	刮刀、抹布	各辊子转动灵活	无胶垢、无灰尘
	清洁各导纸辊			
	清洁高压喷嘴		注意人身安全，避免刮刀及刀片伤害	

续表

序号	项目	使用工具	要求及注意事项	保养效果
4	清洁冷胶枪	刮刀、抹布	注意人身安全，避免刮刀及刀片伤害	喷嘴无胶垢
	清洁热胶枪			
	清洁纸加热板、导纸棒			无胶垢
	清洁接胶盒			
	清洁子弹头			无胶垢、灰尘
	清洁烟舌、烟枪底座、成型压条			
	清洁断条器			
	清洁直径测量管	通条器、抹布		
	清洁喇叭嘴、菱形轨、加速器	刮刀、抹布		无胶垢
	清洁刀盘及其周围、刀片			无胶垢、灰尘
	清洁分烟轮	钩刀、刮刀	手动盘车清洁，避免被分烟轮夹伤	无明显胶垢
	清洁皮带盘和主传动轴支架及其周围	抹布		无灰尘和明显油渍
	清洁主电机及其周围			底板表面无灰尘和明显油渍
5	安装相关零部件			
	正确安装拆卸下来的所有零部件，安装到位，紧固螺丝预紧适中			

续表

序号	项目	使用工具	要求及注意事项	保养效果
6	准备开机			
	设备完好性检查		环绕设备一周检查，确保设备表面、地面无明显漏油，设备无明显异常响声（含明显气流声）、异味，各防护门关闭到位，各有机玻璃防护罩、防护板完好，机台各辅助设施完好且定置摆放到位，设备表面、周围及工具柜内无拆卸的设备部件，工具齐全	
	检查增塑剂喷洒		启动风机	确保各喷嘴无直接射入喷洒室
	盘车检查，开启设备		盘车后低速启动，开机时应注意观察设备状况	盘车前先扬声，盘车时如发现设备异常，应及时检查异常的原因，使设备运行正常

注：

（1）设备待料或设备故障维修时，机台操作人员必须对设备进行清洁保养。

（2）在生产过程中设备运行正常时，操作人员及时对设备表面及其周围进行清洁。

（3）清洁保养过程严格按照表格所列项目的顺序进行操作。

②ZL22型纤维滤棒成型机周保养规范见表5-7。

表5-7 ZL22型纤维滤棒成型机周保养规范

序号	项目	使用工具	要求及注意事项	保养效果
1	保养前的准备工作			
	准备保养用具，如干抹布、湿抹布、通条器、钩刀、刮刀、锯片刀、风枪等			
2	排空机器			
	关闭风机，打开刀头防护罩，取下刀片；再打开开松防护罩，将回转臂放下，取出设备上残留的丝束带；将装盘机烟库里的嘴棒清空；用塑料袋套住剩余的丝束、成形纸；留在托盘的嘴棒防止材料和成品被污染			
3	拆卸相关零部件			
	取下烟舌、布带防护板和布带，拆下喇叭嘴机构及布带盘防护罩、加速轮防护罩、冷却水箱散热片前的防护罩，打开分烟轮防护罩、主机后身防护门、AF后身防护门、装盘机链条驱动防护门，将拆卸的零部件整齐地放在指定的位置，注意人身和设备零部件的安全			

续表

序号	项目	使用工具	要求及注意事项	保养效果
	设备吹灰			
	清洁 AF 开松部位		用高压气清洁	无明显丝束、灰尘
	清洁甘油喷洒室除尘罩			
	清洁甘油喷洒室及罩盖		轻吹，避免杂物进入喷洒室内	
	清洁旁通式鼓风机、甘油箱及其周围			无明显灰尘
	清洁导纸辊、布带传递辊、冷热胶枪、烟枪			
	清洁刀盘周围、喇叭嘴机构周围、加速器及其周围			
4	清洁装盘机满盘输送带及其周围	风枪	用高压气清洁	无废支及明显灰尘
	清洁滤棒输送通道及装盘机烟库			
	清洁装盘机链条驱动手轮周围			
	清洁冷却水箱表面及散热片			无废丝束和明显灰尘
	清洁分烟轮、转向轮、中间轮、输出轮			无废支及明显灰尘
	清洁刀头下皮带盘、主电机及其周围			
	清洁油冷却器及其周围			无明显灰尘
	清洁 AF 身后			
	清洁整机表面			

续表

序号	项目	使用工具	要求及注意事项	保养效果
5	清洁保养			
	清洁布带传递辊	刮刀、抹布	各辊子转动灵活	无胶垢、灰尘
	清洁各导纸辊			
	清洁高压喷嘴		注意人身安全，避免刮刀刮伤及烙铁烫伤	无胶垢、甘油、丝束
	清洁冷胶枪表面			喷嘴无可刮下的胶垢
	清洁热胶枪表面			
	清洁纸加热板、导纸棒			无胶垢
	清洁接胶盒			
	清洁子弹头			无胶垢、灰尘
	清洁烟舌、烟枪底座、成型压条			
	清洁喇叭嘴、菱形轨、加速器	刮刀、通条器、抹布		无胶垢
	清洁牵手和簧板及其周围	抹布		无灰尘和明显油污
	清洁刀头周围、喇叭嘴机构周围			无灰尘和明显油渍
	清洁分烟轮及防护罩	抹布、钩刀、刮刀	手动盘车清洁，避免被分烟轮夹伤	无明显胶垢
	清洁皮带盘和主传动轴支架及其周围	抹布		无灰尘和明显油渍
	清洁主电机及其周围			底板表面无灰尘和明显油渍
	清洁布带盘电机			无灰尘和明显油渍
	清洁油冷却器周围			油冷却器、油箱表面无明显灰尘

续表

序号	项目	使用工具	要求及注意事项	保养效果
6	安装相关零部件			
	正确安装拆卸后的所有零部件，紧固螺丝预紧适中			
7	保养后的注意事项			
	关闭主机和装盘机电源		注意人身安全，防止触电	确保设备电源已关闭
	关闭冷却水阀			确保水阀关闭到位
	关闭高压空气主气阀			确保气阀关闭到位
	卷管器回位			确保气枪不放在地上
	工具箱归位			按"6S"要求放置

注：

（1）设备待料或设备故障维修时，机台操作人员必须对设备进行清洁保养。

（2）在生产过程中设备运行正常时，操作人员及时对设备表面及其周围进行清洁。

（3）清洁保养过程严格按照表格所列项目的顺序进行操作。

（2）ZL29 型纤维滤棒成型机的保养。

① ZL29 型纤维滤棒成型机日保养规范（见表 5–8）。日保养是延长设备使用寿命的主要手段，是维持设备精度的主要方法。操作工每班保养设备，有助于设备的正常运作，使设备保持良好的工作状态，减少停机率，提高工作效率。设备日保养时，若发现设备存在故障，应及时通知维修人员进行处理。

表 5–8　ZL29 型纤维滤棒成型机日保养规范

序号	项目	使用工具	要求及注意事项	保养效果
1	保养前的准备工作			
	准备保养用具，如干抹布、湿抹布、钩刀、风枪、扫把等			
2	排空机器			
	关闭风机，打开刀头防护罩，取下刀片（避免切刀伤人）；打开开松防护罩，取下设备上残留的丝束带；清空取样盒下的废支桶，清空盘纸自动更换机的废纸			
3	拆卸相关零部件			
	取下分烟轮负压吸气导向板、负压风机真空腔过滤网、胶枪前纸带导纸棒、布带、接胶盘			

续表

序号	项目	使用工具	要求及注意事项	保养效果
4	设备吹灰			
	清洁 YL19 开松部位	风枪	用压缩空气清洁	无明显丝束、粉尘
	清洁甘油喷洒室周围			
	清洁导纸辊、布带传递辊、上胶喷嘴、烟枪、高压喷嘴			无明显粉尘、飞丝
	清洁刀盘周围			无明显粉尘
	清洁菱形导轨、加速轮			
	清洁分烟轮、取样轮、转向轮、输出轮			无废支及明显粉尘
	清洁装盘机满盘输送带及其周围			
	清洁 YF71 盘纸自动更换机			无明显粉尘
	清洁设备顶部的表面			
	清洁分烟轮负压吸气导向板、负压通道过滤网			无粉尘
5	清洁保养			
	清洁布带各传递辊	刮刀、抹布	各辊子转动灵活	无胶垢
	清洁各导纸辊			
	清洁高压喷嘴	抹布	注意人身安全，避免刮刀刮伤及烙铁烫伤	无胶垢、甘油、飞丝
	清洁冷胶枪嘴	钩刀、抹布		喷嘴头无胶垢
	清洁热胶枪嘴			
	清洁纸加热板、导纸棒			无胶垢
	清洁纸带加速辊及压紧辊表面	刮刀、抹布		

续表

序号	项目	使用工具	要求及注意事项	保养效果
5	清洁导纸板内部	钩刀、抹布		无胶垢、粉尘
	清洁接胶盒			无胶垢
	清洁子弹头	刮刀、抹布		
	清洁烟舌、烟枪底座			
	清洁成型压条	抹布		无胶垢、粉尘
	清洁烟枪底板、内外压板	刮刀、抹布		
	清洁喇叭嘴、真空菱形轨	通条、钩刀、抹布		无胶垢
	清洁直径测量管	通条、抹布		
	清洁曲柄、簧板	抹布		无嘴棒、油垢、灰尘
	清洁刀盘及其周围			
	清洁分烟轮、加速轮负压风眼	钩刀、抹布		无胶垢、积尘
6	安装相关零部件			
	安装分烟轮负压吸气导向板、负压通道过滤网、纸带导纸棒、接胶盘	手动	安装正确、到位	
7	保养后的注意事项			
	设备完好性检查		环绕设备一周检查，确保设备表面、地面无明显漏油，设备无明显异常响声（含明显气流声）、异味，各防护门（罩）关闭到位，各有机玻璃防护门（罩）、防护板完好，机台各辅助设施完好且定置摆放到位，设备表面、周围及工具柜内无拆卸的设备部件，工具齐全	
	检查增塑剂喷洒		启动风机，确保各喷嘴无直接射入喷洒室	
	盘车检查，开启设备		盘车前先扬声；盘车时如发现设备异常，应及时检查异常的原因，使设备运行正常；盘车后低速启动，开机时须注意观察设备状况	

注：

（1）设备待料或设备故障维修时，机台操作人员必须对设备进行清洁保养。

（2）在生产过程中设备运行正常时，操作人员及时对设备表面及其周围进行清洁。

（3）清洁保养过程严格按照表格所列项目的顺序进行操作。

②ZL29 型纤维滤棒成型机周保养规范（见表 5-9）。根据设备在一周内的运行情况，对设备进行全面清洁，保证设备无积垢、粉尘。周保养的主要责任人是设备的操作员，需要拆卸清洁的装置应由机械、电气维修人员来执行。

表 5-9　ZL29 型纤维滤棒成型机周保养规范

序号	项目	使用工具	要求及注意事项	保养效果
1	保养前的准备工作			
	准备保养用具，如干抹布、湿抹布、钩刀、风枪、扫把等			
2	排空机器			
	关闭风机，打开刀头防护罩，取下刀片（避免切刀伤人）；将横臂放下，取下设备上残留的丝束带、剩余的成形纸；将装盘机烟库里的滤棒、取样盒下的废支桶、盘纸自动更换机的废纸清空			
3	拆卸相关零部件			
	取下分烟轮负压吸气导向板、负压风机真空腔过滤器、布带、接胶盘、薄板			
4	设备吹灰			
	清洁 YL19 开松部位	风枪	用压缩空气清洁	无明显丝束、粉尘
	清洁甘油喷洒室周围			
	清洁 YL19 开松机后身			
	清洁导纸辊、布带传递辊、上胶喷嘴、烟枪、高压喷嘴			无明显粉尘
	清洁刀盘周围			
	清洁菱形导轨、加速轮			
	清洁分烟轮、取样轮、转向轮、输出轮			无废支及明显粉尘
	清洁装盘机满盘输送带及其周围			
	清洁 YF71 盘纸自动更换机			无明显粉尘、成形纸
	清洁设备顶部及其表面			无明显粉尘
	清洁设备底部			无滤棒、丝束、灰尘
	清洁冷凝条冷却水箱			表面无粉尘
	清洁分烟轮负压吸气导向板			无粉尘
	清洁负压风机真空腔过滤器			

续表

序号	项目	使用工具	要求及注意事项	保养效果
5	清洁保养			
	清洁布带各传递辊	刮刀、抹布	各辊子转动灵活	无胶垢
	清洁各导纸辊			
	清洁高压喷嘴	抹布	注意人身安全，避免刮刀刮伤及烙铁烫伤	无胶垢、甘油、飞丝
	清洁冷胶枪	钩刀、抹布		喷嘴表面无可刮下的胶垢
	清洁热胶枪			
	清洁冷胶桶	刮刀、抹布		无胶垢
	清洁热胶桶			
	清洁纸加热板、导纸棒			
	清洁纸带加速辊及压紧辊表面			
	清洁导纸板内部	钩刀、抹布		无胶垢、粉尘
	清洁接胶盒			无胶垢
	清洁拼接装置	抹布		无胶垢、粉尘
	清洁子弹头	刮刀、抹布		无胶垢
	清洁烟舌、烟枪底座			

续表

序号	项目	使用工具	要求及注意事项	保养效果
5	清洁成型压条（冷却管道、支架、防护罩）	抹布		无胶垢、粉尘
	清洁烟枪底板、内外压板	刮刀、抹布		
	清洁断条器			
	清洁喇叭嘴、真空菱形轨	通条、钩刀、抹布		无胶垢
	清洁曲柄、簧板	抹布		无油垢、灰尘
	清洁刀盘及其周围	刮刀、抹布		无滤棒、油垢、灰尘
	清洁刀盘变速箱表面	抹布		无油污、积尘
	清洁直径测量管	通条器、抹布		无胶垢
	清洁分烟轮、取样轮、转向轮、输出轮	钩刀、抹布		无胶垢、积尘
	清洁成型机后身	抹布		无油垢、粉尘
	清洁加速轮负压风眼	钩刀、抹布		无胶垢
6	安装相关零部件			
	手动安装分烟轮负压吸气导向板、负压风机真空腔过滤器、接胶盘、薄板		安装正确	
7	保养后的事项			
	关闭主机和装盘机及盘纸自动更换机电源（注意人身安全，防止触电），关闭冷却水阀、高压空气主气阀及所有防护门，将工具箱、卷管器回位，环绕设备一周检查确认			

（3）ZL29 型纤维滤棒成型机的点检。

点检是为了维持生产设备的原有性能，通过人的 5 种感觉器官（视觉、听觉、嗅觉、味觉、触觉）或借助工具、仪器，按照预先设定的周期和方法，对设备规定的部位（点）进行有无异常的预防性周密检查的过程，使设备的隐患和缺陷能够得到早发现、早预防、早处理。

点检需要遵循"五定"原则：一定点，即设定检查部位、项目和内容；二定法，即设定检查方法；三定标，即制定检查标准；四定期，即确定检查周期；五定人，即确定点检项目责任人。ZL29 型纤维滤棒成型机点检项目见表 5–10。

表 5-10　ZL29 型纤维滤棒成型机点检项目

序号	点检部位	实施项目	维护标准	方法	周期
1	横臂组件	升降是否灵活，位置是否正确、无泄漏，必要时予以更换	升降灵活，位置正确、无泄漏	检查	每周
2	制动辊组、输入辊组、伸展辊组、导向辊组、楔形槽辊	位置是否正确、无泄漏，转动是否灵活，必要时予以更换	位置正确、无泄漏，转动灵活	检查、更换磨损件	
3	计量泵及监控器	检查是否泄漏、有异响，必要时更换计量泵	无泄漏、异响		
4	增塑剂供给系统	检查是否泄漏、堵塞，压力是否符合要求，施加量是否正确，必要时可更换喷嘴和加热器	无泄漏、堵塞，压力符合要求，施加量正确		
5	开松系统传动机构	检查是否有异响，旋转是否灵活，必要时更换联轴器	无异响，旋转灵活		
6	旁通式鼓风	检查是否有异响，是否定期清理过滤芯筒，是否泄漏，压力是否符合要求，必要时更换过滤芯筒	无异响、泄漏		
7	供纸系统、成形纸拼接系统	拉力是否符合要求，位置是否正确，是否有变形部件，必要时校准位置	拉力符合要求，位置正确，无变形部件		
8	滤棒切割系统	检查是否有异响、漏油，进刀和磨刀是否正常，必要时更换配件	无异响、漏油，进刀和磨刀正常	清理、检查、润滑	
9	连杆部（曲传动装置）、喇叭嘴、板簧	检查是否有异响、漏油，必要时更换配件	无异响、漏油	检查、更换磨损件	

续表

序号	点检部位	实施项目	维护标准	方法	周期
10	鼓轮系统、加速器装置	检查是否有积尘，位置是否正确，负压是否泄漏，传动是否正常，必要时更换配件	无积尘，位置正确，负压无泄漏，传动正常	检查、更换磨损件	每周
11	布带轮及各拉纸辊轮	定期更换底带，检查张紧装置是否正常，辊轮转动是否灵活，位置是否正确，必要时更换配件	张紧装置正常，辊轮转动灵活，位置正确		
12	热熔胶管道、泵、喷胶嘴等	检查位置是否正确，是否校正胶量，是否泄漏，必要时更换配件	位置正确，胶量正确，无泄漏		
13	中线胶管道、泵、喷胶嘴等	检查位置是否正确，是否校正胶量，是否泄漏，必要时更换配件			
14	断条器	检查是否泄漏，旋转是否灵活，位置是否正确，必要时更换配件	无泄漏，旋转灵活，位置正确		
15	冷却系统	检查温度是否符合要求，冷却水循环是否正常，是否有泄漏，必要时更换管道	温度符合要求，冷却水循环正常，无泄漏	检查	
16	烟枪装置、输送喷嘴	检查位置是否正确，是否定期更换，是否泄漏，必要时更换配件	位置正确，无泄漏	检查、更换磨损件	
17	计量检测设备	检查设备是否完好，必要时可更换设备	设备完好	点检，完好性检查	
18	油泵、压力表、接头、管道	检查设备是否完好，是否泄漏、堵塞，标识是否正常，必要时可更换	设备完好，无泄漏、堵塞，标识正常	检查	

续表

序号	点检部位	实施项目	维护标准	方法	周期
19	防护罩、安全开关、控制按钮	检查设备是否完好，是否有效，必要时可更换	设备完好、有效	检查	每周
20	同步带、带轮、带类状况	检查设备是否破损、开裂、有异响，必要时可更换	无破损、开裂、异响	检查、更换磨损件	

5.5　滤棒质量缺陷分析及对卷烟质量的影响

5.5.1　滤棒质量问题及原因分析

（1）滤棒重量波动的原因。滤棒的质量与重量有着密切的关系，通常用控制重量来间接控制滤棒的硬度和压降。滤棒重量是控制硬度和压降指标最快捷、最方便的方法。同时，根据滤棒重量的变化可以反映出原辅料如增塑剂、丝束的品质好坏和设备性能的好坏，对指导机台操作、生产合格产品起到重要的作用。

滤棒重量波动的原因：①开松不良，主要原因是开松辊速比失调、开松辊辊压失调、橡胶辊或螺纹辊磨损严重、空气开松器风槽部分堵塞、开松辊轴承状态不佳。②丝束填充不均匀，布带张力不足，出现打滑现象，烟舌出口位置太低，高压空气喷嘴气压失调。③增塑剂添加不良，原因是增塑剂输送管道不畅，喷洒室分配器堵塞，增塑剂施加量低，丝束带忽然过窄，增塑剂施加不匀。④丝束的卷曲不良，丝束总旦不稳定。

（2）滤棒翘边。原因分析：施涂位置应距离纸边 0.5 mm，超过 0.5 mm 以上易出现纸未被黏结、成形纸翘边的现象。正常情况下，热熔胶应施涂在距成形纸边缘 0.3～0.5 mm 的位置。调整导纸板或纸加热板，使成形纸的中心位置距离机身 80 mm。调整胶枪的径向位置，使胶枪嘴在距离成形纸边缘 0.3～0.5 mm 的位置并轻轻接触成形纸。

（3）滤棒缩头。滤棒缩头有斜缩（头）、两端全缩（头）两种情况。斜缩由刀盘位置调整不当引起，丝束填充不足也会导致斜缩。两端全缩由丝束填丝量较低引起。滤棒设计时超出了丝束能力曲线范围的下限，将出现明显的缩头。丝束开松不良，也可导致滤棒缩头。

（4）滤棒切口毛茬。原因分析：刀片破损，造成滤棒切口毛茬。刀片破损的主要原因是刀片与喇叭嘴调整位置不当，刀片伸出刀壳过长等。滤棒在切割时，切割刀片须非常锋利，才能使切出来的滤棒切口平整、光洁。

（5）滤棒压降允差超标。丝束单旦、总旦是确定滤棒压降的主要技术指标，丝束单旦、总旦的波动必然导致滤棒压降的波动。如丝束在生产过程中出现一个断头，丝束总旦将下降，成型为滤棒后，滤棒压降也将下降。丝束卷曲的稳定性对滤棒压降的稳定性影响较大，丝束卷曲的稳定性越差，滤棒压降的稳定性就越差。高压缩的丝束包发生回弹，致使捆扎丝包的纤维带在丝束包的边角处产生勒痕，有勒痕处的丝束之间的牵扯力较大，在生产滤棒时，导致填丝量不足，对滤棒压降稳定性产生不利影响。丝束特性曲线加工点对滤棒压降的稳定性有很大影响。成型机开松比（在 1.4 以内）与滤棒压降稳定性的变化成正比，随着开松比的增加，滤棒压降稳定性趋好。成型机预拉辊压力对滤棒压降稳定性影响较明显，压力值一般控制在 0.05 ~ 0.08 MPa。成型机在换成形纸的减速、加速过程中，滤棒的压降、圆周都会发生不同程度的变化。成型机高压空气喷嘴的质量和气压、气量的大小，直接影响滤棒压降的稳定性。

（6）滤棒硬度允差超标。

①整支滤棒软。原因分析：丝束的填充量不足；高压空气喷嘴压力失调；增塑剂施加量不足；丝束开松宽度不足；增塑剂流量显示错误；增塑剂输送通道堵塞；滤棒圆周大，压降减小，硬度变软。

②整支滤棒硬。原因分析：丝束的填充量过大；增塑剂施加量过大；滤棒圆周小，压降增大，硬度变得较硬。

③滤棒半边硬、半边软。原因分析：增塑剂刷辊磨损刷毛脱落，导致增塑剂施加颗粒粗大或不均匀；增塑剂喷洒室不平，导致增塑剂液面一侧高、一侧低，辊刷雾化的增塑剂一侧量多、一侧量少；增塑剂刷辊安装不到位；丝束横向开松不均匀，一侧丝束密集，一侧丝束疏松，导致增塑剂含量不均，硬度一半硬、

一半软。

（7）滤棒胶孔。增塑剂是一种能使聚合材软化，使其更具有可塑性的化合物，施加增塑剂的滤棒在固化一定时间后出现熔化的现象，称为胶孔。在离心惯性力的作用下，刷辊使增塑剂呈雾状喷出，当超量或滴状的增塑剂施加到丝束上时，滤棒纤维组织将溶解、软化、变黏，从而滤棒出现熔孔。因此，滤棒产生胶孔的主要原因是增塑剂施加过多；增塑剂分配器堵塞；喷洒室安装未与机身呈水平，使增塑剂液面与刷辊成一定倾角；增塑剂喷洒室上盖应与丝束轻微接触，以便随时带走上盖表面聚集的增塑剂；刷辊磨损；丝束开松过宽；飞花。

（8）滤棒爆口。原因分析：喷嘴及胶管胶不均，出胶量少或间断出胶；胶温过高，来不及固化；胶温过低，提前固化；胶内有气泡（或由水分引起）；胶内有积炭或杂质；环境温度或材料温度太低；胶量大或喷嘴太接近纸；圆周控制不稳定，圆周大，易发生爆口。

（9）丝束飞花。丝束飞花是丝束在滤棒加工过程中，一种短纤维或纤维屑的脱落。由于二醋酸纤维素断强值低，受力拉伸时的伸长较小，当丝束受卷曲变形或成型开松时，纤维本身特别是表层抵抗变形破坏的能力较小，因此造成短纤维或纤维屑的脱落，即丝束飞花。滤棒在加工过程中，丝束接触到的成型机部件受损伤，如导丝器、空气开松器、开松对辊、增塑剂箱等部件不光滑、有毛刺、划痕等易造成飞花。各开松对辊水平度达不到要求，过度开松，导致丝束带中有大量的单丝受损，造成短纤维或纤维屑脱落，使飞花量增加。湿度下降，丝束水分降低，断强值变小，在相同的滤棒出现开松比拉力下，丝束易受损，丝束飞花量增多。

5.5.2　滤棒主要质量指标及其对卷烟质量的影响

滤棒各项指标同卷烟产品质量有着直接关系。根据对烟支的影响程度，可分为爆口、异味、胶孔等致命缺陷，圆周、压降、硬度等重要指标，长度、含水率、圆度、内黏结线、外观等次要指标。

（1）爆口。爆口是指滤棒搭口爆开的裂口。滤棒爆口使卷接机上的水松纸无法完成烟支与滤嘴的搓接动作，使烟支和滤嘴连续掉落。一支滤嘴爆口引起的故障，可能导致数十支烟支和正常的滤嘴掉落、剔除，甚至导致涂上了黏合剂的水松纸粘在鼓轮上，需要停机处理，影响很大。

（2）异味。异味是指滤棒本身固有气味之外的异常气味。滤棒的异味会污染烟支，影响烟气，导致卷烟香气发生变化，影响吸烟者的口感。

（3）胶孔。胶孔是因过量施加三乙酸甘油酯，造成丝束溶融而形成的孔洞。有胶孔的滤棒，经卷接机切割后如出现在烟支的端面，则出现一个明显的缺陷。

（4）圆周。滤棒的圆周应与烟支的圆周相匹配，否则影响卷烟的接装质量和外观质量。如果滤棒的圆周小于烟支的圆周，则容易使接装纸起皱，搭口歪斜；如果滤棒的圆周大于烟支的圆周，则滤嘴卷烟容易产生漏气、滤嘴脱落等。

（5）压降。压降是指在一定大气环境下，以一定流量的气流通过滤棒时滤棒两端的静压力差。滤棒的压降是影响滤棒过滤效率的最大因素，将影响烟支重要的质量指标焦油量。滤嘴的压降与烟气的过滤效率成正比。同时，滤嘴的压降是构成卷烟吸阻的一个组成部分，而卷烟的吸阻与吸烟者对产品的接受性有关，滤棒压降越高，卷烟的吸阻就越高，吸烟者会因过大的气流阻力而难以接受。

（6）硬度。滤棒的硬度以压陷后滤棒的直径与压陷前滤棒的直径的百分比表示。滤棒的硬度反映了滤棒侧抗压机械性，滤棒的硬度对滤棒的发射和烟支的搓接生产有很大的影响。在一定条件下，由于滤棒的硬度与滤棒的压降呈正相关，滤棒的压降增加时，滤棒的硬度也随之增加。而从使用的角度出发，由于高速卷接机的要求，卷接机对滤棒的硬度要求是宁硬勿软，若滤棒的硬度过软，易造成搓接堵塞。

（7）长度。卷烟滤嘴的长度决定烟气在滤嘴中停留时间的长短，因此滤嘴的长度影响卷烟的过滤效率。若滤棒的长度不符合设计要求，则会影响卷烟的分切质量。

（8）含水率。滤棒的含水率过大，在贮存过程中易使滤棒发生霉变等，影响滤棒的质量，因此应控制滤棒的含水率。

（9）圆度。滤棒的圆度是指滤棒最大直径和最小直径之差。滤棒的圆度关系到卷烟滤棒滤嘴端的圆周边缘外观。滤棒的圆度过大，可能在卷烟滤嘴处产生泡皱，从而影响卷烟的质量。滤棒的圆度还影响烟条与滤嘴的接装。但随着卷烟卷接包设备自动化水平的提高，高速卷烟设备增加了纸辊加热的功能，并增加了搓板搓接的圈数，可以改善滤棒的圆度，即使滤棒的圆度稍有偏差，也不会对卷接造成太大影响。

（10）内黏结线。内黏结线是介于丝束棒与成形纸之间，起固定作用的胶黏线。无内黏结线的滤棒可能在卷接机的搓接位置和包装机推动排列烟支时，使丝束部分滑动，冒出水松纸外或缩进水松纸内，出现外观缺陷。

（11）外观缩头、折皱、弯曲等外观问题，都可能导致卷接机在烟支与滤嘴对接、搓接时出现外观缺陷和故障。

5.6　滤棒工艺质量控制要求

5.6.1　滤棒换牌生产质量控制

滤棒换牌生产启动后，应对换牌机组人员进行工艺标准的培训，确保换牌生产的准确性。滤棒机组人员接到换牌信息后，对生产现场进行清理。由专人清点剩余材料，回收余料，避免不同牌号的物料混用。换牌生产前，按生产牌号更换机台标识牌和产品工艺执行单。准备就绪后，检查生产现场上一个生产牌号剩余的物料，发起材料请料信息，并对请料到机台的材料进行核对。机组人员按照产品工艺卡的要求，调整丝束开松比和甘油添加量，做好开机准备。对于生产出的滤棒，机台人员应按照工艺卡的要求及时检测各项工艺指标，首次检查合格后才可正常生产并进行确认。滤棒工段监督人员对换牌后的现场及产品质量进行最终的检查和确认。

5.6.2　滤棒生产自检与巡检

（1）滤棒生产自检。自检由滤棒机组人员来完成，主要分为常规自检和关键时段自检。常规自检是滤棒机组人员根据企业制定的要求，按规定的内容、频次进行自检，并如实记录。关键时段自检包括设备轮保后自检、设备维修后自检和餐间检查。

①设备轮保后自检。滤棒机台轮保后，连续下 10 盘滤棒，全面检查第 9 至第 10 盘、第 5 至第 6 盘、第 1 至第 2 盘滤棒的质量。如检查不合格，则继续进行维修调整，并对缺陷产品进行报废处理。重复上述操作，直至检查合格，合格的滤棒可正常转序和生产。

②设备维修后自检。滤棒机台维修后，连续下 10 盘滤棒，全面检查第 9 至第 10 盘、第 5 至第 6 盘、第 1 至第 2 盘滤棒的质量，重点检查维修点可能出现的质量问题。如检查不合格，则继续进行维修调整，并对缺陷产品进行报废处理。检查合格后的滤棒可正常转序和生产。

③餐间检查。餐间检查主要有全检和岗位检查。全检即餐前交接时，挡车工就餐前 10 min 内分别在装盘机烟库和下盘滤棒处取 20 支以上滤棒，按全检要求进行检查，就餐后返回岗位 5 min 内分别在装盘机烟库和下盘滤棒处取 20 支以上滤棒，检查全部质量指标。岗位检查即在轮换就餐期间，操作工每 10 min 在装盘机烟库处取 20 支滤棒，检查滤棒的重量、外观、长度（10 支）、爆口（2 支）、圆周（4 支）、内胶线（2 支）、甘油（2 支）等，每下盘第 5 盒滤棒时在下盘滤棒取 6 支滤棒，检查滤棒的内胶线（2 支）、爆口（2 支）、甘油（2 支）。餐后人员到岗后按正常生产岗位检、全检来执行。

（2）滤棒生产巡检。滤棒生产巡检主要由现场工艺质量主管人员和检验人员负责，在开班生产前、换牌生产或生产过程进行巡检。巡检项目包括材料检查、标识检查、设备工艺技术要求检查、产品质量检查。材料检查包括生产牌号需要的所有原辅料，如烟丝、烟支、胶水、烟用材料等。标识检查包括成品及生产过程中原料、材料、在制品、半成品、成品、检验和试验状态的标识检查。设备工艺技术要求检查包括检查三乙酸甘油酯添加显示、开松辊压力、开松比、纸加热器温度等是否正常。

（3）滤棒检查项目。滤棒检查项目见表 5–11。

表 5-11 滤棒检查项目

序号	项目	取样时间	时间间隔	取样点	取样数量	自检项目内容	备注
1	班前检查	接班后、开机前	接班检查	机台标识		检查机台现场使用材料标识与工艺卡是否相符	
				装盘机烟库处,留在托盘上的嘴棒	每处取10支滤棒	检查滤棒的外观、长度、测量重量(10支)、检查其爆口(2支)、内胶线(4支)、圆周(2支)、甘油(2支)	
2	过程检查	开机首次检查时	开机后	装盘机烟库处	连续取样3次,每次取10支滤棒	第一次取样,检查其外观、长度、测量重量(10支);第二次取样,检查其爆口(2支)、圆周(4支)、内胶线(2支)、甘油(2支)等;第三次取样,内胶线、用综合检测试台检测物理指标(10支)	10 min 内完成
3		岗位检查时	每 10 min	装盘机烟库处	取 20 支滤棒	检查滤棒的重量、外观、长度(10支)、爆口(2支)、圆周(4支)、内胶线(2支)、甘油(2支)等	由挡车工负责
4		全检时	每下盘第 5 盒嘴棒	下盘嘴棒	取 6 支滤棒	检查滤棒的内胶线(2支)、爆口(2支)、甘油(2支)	由操作工负责
5			(40±10) min	装盘机烟库下盘的嘴棒	每个取样点取20支滤棒	检查滤棒的重量、外观、长度(10支)、爆口(2支)、圆周(4支)、内胶线(2支)、甘油(2支)等,用综合检测试台检测物理指标(10支)	
6		甘油施加量验证时	开机后2min内完成	分烟轮剔出出口棒和装盘机	干棒、湿棒各取100支	测算甘油施加量是否满足甘油标准	

续表

序号	项目	取样时间	时间间隔	取样点	取样数量	自检项目内容	备注
7	餐间检查	餐前检查时	餐前 10 min	装盘机烟库、下盘的嘴棒	每个取样点取 20 支滤棒	检查滤棒的重量、外观、长度（10 支）、圆周（2 支）、爆口（4 支）、内胶线（2 支）、甘油（2 支）、甘油（2 支）等，用综合测试台检测物理指标（10 支）	挡车工就餐前 10 min 内完成
		岗位检查时	每 10 min	装盘机烟库处	取 20 支滤棒	检查滤棒的重量、外观、长度（10 支）、圆周（4 支）、内胶线（2 支）、甘油（2 支）等	操作工顶岗时同按时完成
			每下盘第 5 盒嘴棒	下盘的嘴棒	取 6 支滤棒	检查滤棒的内胶线（2 支）、爆口（2 支）	
		餐后检查时	餐后 5 min	装盘机烟库、下盘的嘴棒	每个取样点取 20 支滤棒	检查滤棒的重量、外观、长度（10 支）、圆周（2 支）、爆口（4 支）、内胶线（2 支）、甘油（2 支）等，用综合测试台检测物理指标（10 支）	挡车工就餐后返回岗位 5 min 内完成
8	班后检查	末次检查时	下班停机后	装盘机烟库处、下盘的嘴棒	每处取 10 支滤棒	自检项目内容同班前检查	
9	材料检查	请料时	请料出库到机台后	材料托盘		将材料上的标识名称与工艺卡进行核对，检查材料外观及材料配盘记录表，并签字和确认	材料的核对和确认
10		准备更换材料时	使用材料时	材料托盘		检查材料的外观、标识，并与工艺卡上列举的指标进行核对，查看是否有异常现象	

续表

序号	项目	取样时间	时间间隔	取样点	取样数量	自检项目内容	备注
11	材料检查	更换成形纸时	更换成形纸后立即检查	装盘机烟库	取10支滤棒	观察成形纸的运行和上胶情况，按照岗位检查的要求进行检查	
12		更换丝束时	更换丝束后，除物理指标外，其他项目5min内检查完毕	装盘机烟库、下盘的嘴棒	连续取样3次，每次取10支滤棒	观察丝束的开松情况，检查滤棒的重量、圆周（10支）、爆口（2支）、甘油（2支）、综合测试台检测物理指标（10支）等项目	外观、物理指标检测后需保留备查
13	其他检查	停机后重新开机时	开机后立即取样	装盘机烟库	取20支滤棒	检查滤棒的重量、外观、长度（10支）、内胶线（4支）、甘油（2支）	圆周
		更换成型布带时	更换成型布带后立即检查		重点监控，连续检查	按照岗位检查的要求进行检查	
		不确定	设备维修后，设备出现异常情况时		重点监控，连续检查	针对故障点的维修情况进行重点监控，按照全检内容进行检查	

5.6.3 滤棒质量追溯

滤棒机台发现质量缺陷后，滤棒机组人员应立即停机，对装盘机库及现场产品进行检查。如果在现场的产品中能够确认缺陷源头，并处理现场缺陷产品，则追溯流程结束；如果缺陷产品已入库，须立即通知滤棒现场主管，滤棒现场主管接到通知后，核实相关缺陷及生产信息，指导滤棒机组人员对入库滤棒进行检查，确认缺陷源头，并处理现场缺陷产品，追溯流程结束。

当缺陷滤棒进入卷烟使用环节后，由滤棒现场主管控制现场的滤棒，根据缺陷情况对现场和滤棒库进行（同班、同机台、同牌号等）隔离处理，并根据情况将可能造成卷烟缺陷的滤棒使用时间点反馈至卷包现场主管。卷包现场主管根据滤棒现场主管提供的滤棒发射信息，对滤棒流向进行追溯处理。

5.6.4 滤棒不合格的控制方法

滤棒不合格的控制方法见表 5-12。

表 5-12　滤棒不合格的控制方法

不合格的情况描述	判定条件	不合格的控制方法
滤棒无内胶线	缺陷滤棒未进入下一环节	将缺陷滤棒从生产线上接出，做报废处理
	缺陷滤棒已进入下一环节	立即通知相应卷接机台停机，并将生产线上的烟支、小盒、到装封箱机前的所有机台钢号相同的烟条进行隔离、标识，对截留的烟支、小盒、烟条及后续工序进行质量追溯
滤棒出现爆口	目测可见爆口的滤棒	将缺陷滤棒从生产线上接出，做报废处理，并追溯
	经 90° 扭转后出现爆口	加大抽检力度，若无爆口，则正常生产；若仍有爆口现象，则将缺陷滤棒从生产线上接出，做报废处理，并追溯

续表

不合格的情况描述	判定条件	不合格的控制方法
物理指标（重量、圆周、压降、硬度、长度等）不符合	技术标准	对已生产的滤棒进行扩大范围检验，并对设备进行调整。调机产生的滤棒经检验合格后才可正常生产，如不合格，则挑选出不合格的滤棒做报废处置
材料不符合	所用材料样板标准	没有进入成品烟支的滤棒，则对所有隔离不合格品进行报废处理
		进入成品烟支的滤棒，则对产品进行隔离、标识

6

烟丝风送及滤棒
发射工序

6.1 烟丝风送

6.1.1 工艺任务与流程

烟丝风送工序的主要工艺任务是按照卷包工序生产安排情况，将合格的烟丝及时输送至卷接机台。根据工厂生产排产计划，制丝车间提前生产烟丝，并将烟丝输送至贮丝柜。卷包车间值班班长每日下发生产工单，送丝工序操作工根据生产工单，启动生产任务，将达到贮丝条件的烟丝通过贮丝柜、皮带输送机、振动输送机、风力柔性送丝机、输送管道输送至相应卷接机。烟丝风送工序工艺流程如图 6-1 所示。

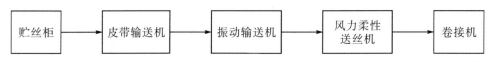

图6-1 烟丝风送工序工艺流程

6.1.2 主要设备

烟丝风送工序使用的设备主要有 DPH 带式输送机、振动输送机、风力柔性送丝机、输送管道、电控系统及风力平衡系统等。

（1）DPH 带式输送机。DPH 带式输送机由减速电机驱动主动辊转动，依靠辊表面与环形输送带之间的摩擦力带动输送带按一定方向运行，从而实现输送带表面物料的输送。因其造价低、噪声小、结构简单可靠、操作安全、使用与维护方便等因素被广泛应用于烟草加工过程中，可实现烟梗、烟叶、烟丝等不同物料的输送。按输送方式，DPH 带式输送机可分为单向带式输送机、承重带式输送机、双向带式输送机。

（2）振动输送机。振动输送机是一种通过振动实现物料输送的机械。该设备适用于输送烟叶、烟片、烟梗、烟丝等产品，主要由槽体、平衡架、机架、减振机构、偏心驱动机构、摆杆等部件组成。振动输送机工作时，电机运转，通过

"V"形带和皮带轮带动偏心轴转动，从而产生周期性的激振力，然后由连接杆和减振机构将物料传给平衡架，再由摆杆传给槽体，强迫其按一定方向做近似简谐振动，物料在槽体内沿运输方向做连续微小的抛掷或滑动，从而使物料向前移动，实现输送的目的。振动输送机衔接在 DPH 带式输送机之间，在振动输送机处加单层筛网，在输送烟丝的同时，通过输送机的振动，将烟丝输送过程中产生的烟沙筛出，提高烟丝的耐加工性。

（3）风力柔性送丝机。柳州卷烟厂共配备 10 台风力柔性送丝机，分别对应 28 组贮丝柜，其中 2 台风力柔性送丝机为 SF184 型，8 台风力柔性送丝机为 SF137 型，每台风力柔性送丝机可同时向 6 台卷接机供应同牌号的烟丝。

① SF184 型风力柔性送丝机。SF184 型风力柔性送丝机主要由锥顶分配器、积丝盘、侧向水平吸丝口及分别驱动锥顶分配器和集丝盘的减速机组成。两台减速机分别驱动锥顶分配器和集丝盘双向差速旋转，将烟丝均匀地分配至各侧向水平吸丝口。锥顶分配器将平皮带机输送来的烟丝运用离心抛物原理，对烟丝进行松散，并将烟丝均匀分布在集丝盘面上，这样的烟丝松散布料模式使烟丝得到更好的混合。集丝盘面上的烟丝经风的负压作用，通过侧向水平吸丝口均匀抽吸，使混合后的长短烟丝同时输送到对接的卷接机台。

② SF137 型风力柔性送丝机。SF137 型风力柔性送丝机由两套相互独立的供丝单元组合而成，每套供丝单元均由贮丝仓、皮带机、分料斗、送丝管组成，如图 6-2 所示。两套供丝单元共用一个供丝口，有各自专用的料位检测开关，控制气动翻板门向各自贮仓加料。每个分料斗上设有 3 个出丝口和 2 个补风口，补风口可手动调节补风量的大小，同时在补风口上装有防堵的检测开关及喷吹装置。贮丝柜的烟丝通过辅联设备送到 SF137 型风力柔性送丝机的进料口，两套供丝单元贮仓的料位检测开关检测料位，发出要料信号，控制气动翻板门的动作，向各自贮丝仓的皮带机供料。当卷接机发出要料信号时，皮带机的底带和拨料辊启动，向分料斗内供丝，烟丝直接输送到吸丝管管口，用较低的风速可将烟丝送到卷接机的贮丝仓。底带和拨料辊根据要料卷接机的数量，以相应的频率定量供丝。

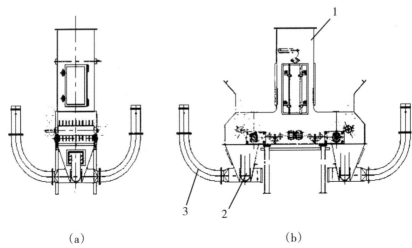

(a)   (b)

1- 贮丝仓；2- 皮带机；3- 分料斗。

图6-2　SF137型风力柔性送丝机示意图

SF137 型风力柔性送丝机的主要参数：装机功率为 2.2 kW（六管）；对射光电开关 6 对，电压等级 24 V（直流电）；接近开关 2 个，电压等级 24 V（直流电）；吸丝口需求最低风速为（17±1）m/s；吸丝管外径（管道壁厚 2.5 mm）为 125 mm；设备高度为 2 480 mm。

SF137 型风力柔性送丝机的工艺指标：烟丝输送能力为 3 300 kg/h（风速为 17 m/s），碎末增加率 ≤ 0.5 %，设备有效运行率 ≥ 99 %，系统运行的噪声 ≤ 75 dB。

（4）输送管道。输送管道主要采用铝合金直管，所有弯头、三通管均采用不锈钢材料拉伸制作，管内表面光滑、干净、无油和无毛刺，以减小烟丝对管壁的磨损，且满足食品卫生法的要求。

（5）电控系统。

①控制范围。电控系统主要控制 28 台贮丝柜、出料辅联设备、10 台风力柔性送丝机、送丝管道（排空、切换）。

②主要功能。通过参数设置，实现成品烟丝从贮丝柜出料到对应卷接机（不含卷接机接收装置）的输送控制。参数设置及设备运行状况可在中控室通过电脑界面进行设置和监控。

（6）风力平衡系统。根据车间生产工艺要求的风力送丝速度及卷接机负压控制目标值设定参数，系统自动控制送丝速度及卷接负压的稳定，控制响应速度快，控制精度高，操作维护便捷。车间配置9台子站触摸屏在卷包车间生产现场，每台触摸屏分别控制4台卷接机，可对风力送丝及负压参数进行设定和监控。

①风力送丝界面分两部分，上半部分为卷接机模型图，可以查看支管补风阀状态，以及送丝管、回风管的风速等信息；下半部分为表格汇总形式，可以查看回风风速、料管风速、料管压力及单元控制装置开度等。同时，可以在表格中设置送丝风速。在界面可以设置单元控制装置的调节方式，当设置为手动时，单元控制装置会快速调整至手动设定值；当设置为自动，并且有吸丝信号时，单元控制装置阀门会根据设定风速调节阀门开度，稳定料管风速。补风阀控制方式可设定手动或自动，当设置为手动时，补风阀直接打开；当设置为自动时，补风阀则根据吸丝信号自动开关。当有吸丝信号时，补风阀自动关闭；当无吸丝信号时，补风阀则自动打开。

②工艺除尘界面（负压监控）分两部分，上半部分为卷接机模型图，可以查看VE风压平衡器开度、MAX平衡阀开度，以及VE管压力、MAX管压力等信息；下半部分为表格汇总形式，可在表格中查看VE管压力、MAX管压力、VE风压平衡器开度及MAX平衡阀开度等。在界面可以设置风压平衡器的调节方式，当设置为手动时，风压平衡器会快速调整至手动设定值；当设置为自动，并且VE辅联同时有烙铁信号时，风压平衡器阀门则根据设定负压自动调节阀门开度，稳定VE管压力。界面也可以设置MAX平衡阀的调节方式，当设置为手动时，MAX平衡阀快速调节至手动设定值；当设置为自动，并且VE辅联同时有烙铁信号时，MAX平衡阀则全部打开。

（7）设备日常维护与保养。

①每日检查。

a.检查主动辊、被动辊是否有烟丝残余物或其他污染物，用刷子或清洁布进行清理，保证每根辊转动灵活。

b.防止皮带跑偏，使皮带保持在中心线上运转。

c.检查皮带的各部位是否有异常，如割伤、裂纹及其他原因造成的损坏，采取补修或更换新皮带。

d. 检查并及时排除传动装置各部位的异常情况。

e. 检查所有光电管及观察窗玻璃表面有无积聚物，如有积聚物应及时清理。

②每周检查。

a. 检查运输皮带的张紧力松紧情况，调节张紧装置。

b. 清理集尘槽内的残余烟丝和烟末。

6.1.3 质量要求

烟丝经过风力送丝系统到达卷接工序后，不同时间间隔、不同机台的同规格烟丝，其结构应无明显差异。配送后烟丝质量变化应符合表 6-1 的要求。

表 6-1 配送后烟丝质量指标要求

指标	要求
整丝率（降低）	≤ 2.5%
含水率（降低）	≤ 0.5%

6.1.4 重点监控内容

（1）生产前的准备工作。

①启动贮丝柜出料与喂丝机工控机，打开监控电脑，运行 Ifix 5.9 软件，进入贮丝柜出料及喂丝机监控界面。实时监控贮丝柜、喂丝机的运行状态及贮存烟丝的情况。

②查阅交班本内容，了解上一班设备运转情况及生产情况，注意设备有无待解决的问题。了解各机台生产信息及各牌号烟丝使用的结存情况；做好设备清洁保养，确保烟丝输送通道无杂物残留，无杂物污染烟丝。

③登录制丝生产管理系统，查看并核对送丝机生产任务计划，确认无误后再下发任务计划至送丝机。

④检查喂丝机工作状态，以及对应卷接机台管道锁定与开放状态是否正确。

⑤对烟丝取样，检测烟丝结构及烟丝水分等指标，确保烟丝符合工艺要求。

⑥对烟丝牌号、贮丝时间进行核对，确保烟丝牌号正确，贮丝时间符合工艺

要求。

（2）生产中的管控工作。

①送丝系统进入工作状态后，注意观察显示屏和各种控制信号是否正常，如有异常，应及时处理。

②关注输送振槽、喂料机烟丝输送情况，喂料应均匀，无堵料、烟丝结团的现象。

③关注各烟丝出口是否有胶皮、杂物等，如有异常，应及时反馈至班组管理人员。

④关注贮丝柜的物料状态、烟丝进柜后贮丝柜盖布状态。

⑤关注烟丝批次更换情况，及时在系统上设置切换批次信息，避免断料影响卷接生产；及时对新批次烟丝取样，检测烟丝结构及烟丝水分是否正常。

⑥中途换牌时，应确保上一牌号的烟丝使用完毕，并对输送振槽、喂料机进行清洁保养。

（3）生产后的收尾工作。

①对贮丝柜、输送线、喂料机烟丝清空状态进行确认，并将烟丝使用结束时间对应卷接机台。

②对烟丝输送工艺通道进行清洁保养。

③保养工作完成后，将当班的烟丝使用、设备运行及故障处理情况在 MES 系统生成交班记录。

（4）送丝工序工艺质量关键点控制流程及管理要求。

①烟丝移交控制点流程及要求。送丝操作工接到烟丝移交信息后，应登录 MES 系统，进入烟丝半成品移交凭证界面，对照贮丝柜烟丝信息与移交烟丝信息是否一致（核对烟丝品牌信息、批次信息、烟丝重量、进柜时间、日期、柜号、盖布信息等内容），经核对无误后在系统上确认接收，否则不予接收。

②烟丝换批操作流程及要求。

a. 烟丝换批前，送丝操作工应提前核对下一批次烟丝牌号、贮存时间是否符合工艺要求，如有异常，应及时反馈至班组管理人员。

b. 烟丝换柜时，送丝操作工应按照要求对上一批次烟丝所在柜进行清点，确保烟丝使用完毕。

c. 跟班工艺员每班定时到送丝工序巡检，对烟丝换批工作执行情况做好监督、检查。

③烟丝换牌操作流程及要求。

a. 在生产过程中遇到换牌任务时，在烟丝还剩 10 箱左右时及时通知领班及跟班工艺员，由领班将预备换牌时间传达至各管理人员和机台人员。

b. 当原生产牌号的烟丝使用完毕后，送丝操作工应停止发送烟丝，并通知领班，并按要求对贮丝柜、烟丝输送线、喂丝机等点位烟丝进行清扫，跟班工艺员对清扫情况进行监督、检查，避免因清扫不干净造成烟丝混牌号。

c. 跟班工艺员根据相应卷包机台换牌工作进度，适时通知小车送丝操作工发送新牌号烟丝。

d. 新牌号烟丝出柜后，小车送丝操作工应检查烟丝来料情况，如发现有湿团、胶片等现象，应及时停止送丝并通知跟班工艺员、领班进行处理。

④节假日（含周末休息）复工后工作要求。复工上班后及时对各条烟丝输送通道、喂丝机内部进行检查，确认各输送点位无杂物后再进行空机运转。空机运转后将喂丝机内残留的杂物进行手动清空，然后进行正常操作。如遇到节假日期间对贮丝房进行杀虫作业，复工后应对各条烟丝输送皮带、振槽表面进行清洁。

⑤异常情况处理。在生产过程中，送丝操作工巡检时发现有杂物、烟丝结团等异常情况，应立即停供在用批次烟丝，并及时将异常情况、烟丝批次和开始使用时间反馈至工艺员。后续处理流程以工艺员的通知为准。

6.2 滤棒发射

6.2.1 工艺任务与流程

滤棒发射工序按照卷接机的生产需要，将滤棒及时输送至卷接机机台。滤棒发射工序工艺流程如图 6–3 所示。

图6-3 滤棒发射工序工艺流程

6.2.2 主机设备

滤棒发射机由滤棒料盘卸盘设备与滤棒发射设备组成,具有将装盘后的滤棒通过卸盘、输送、发射至卷接机的功能。目前,国内使用的滤棒料盘卸盘设备多为YB19卸盘机,滤棒发射设备多为ZF25滤棒自动输送系统。

(1)YB19卸盘机。YB19卸盘机主要由满盘输入装置、烟盘升降装置、烟盘翻转装置、料库、电控系统、空盘输出装置和气动系统等组成,如图6-4所示。将装满滤棒的烟盘放在满盘输入装置上,满盘输送带将满盘输送至盘阻挡器,每一个循环中,只有最前面的满盘被盘阻挡器释放而输送到滑台上,再送到烟盘升降装置上方的待运位置处。烟盘升降装置的升降台从底极限位置升上来,从满盘输入装置的滑台上取走满盘,并将其输送到烟盘翻转装置的打开盘架中,盘架上的盘夹持件关闭以后,烟盘升降装置下降且脱离烟盘翻转装置的回转范围并进入设定的等待位置。烟盘翻转装置将满盘由烟盘升降装置处回转180°到达料库上方,挡条打开,滤棒落到料库中。同时,将空盘由料库处回转到烟盘升降装置处,烟盘升降装置的升降台从等待位置升起,盘架上的盘夹持件打开,空盘落到烟盘升降装置的升降台上,升降台快速下降,直到空盘落到空盘输出装置的输送带即停止;料库中的滤棒落到料库输送带上,输送带供料给滤棒输送装置,当料库中的料位下降而使得光电传感器不被触发,便会启动烟盘翻转装置的回转,再次更换空盘、满盘;空盘落到静止的空盘输出装置输送带上,两个光电传感器同时触发,随即启动空盘输出装置,将空盘从烟盘升降装置处移出。

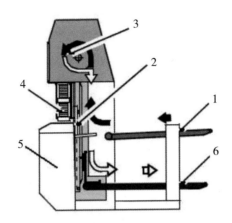

1– 满盘输入装置；2– 烟盘升降装置；3– 烟盘翻转装置；4– 料库；5– 电控系统；6– 空盘输出装置。

图6-4　YB19卸盘机的结构

①满盘输入装置的功能是将装满滤棒的料盘（根据盘的深度，最多可以容纳10 ～ 16 个满盘）逐个输送到烟盘升降装置的待转运区。

②烟盘升降装置的功能是烟盘升降装置从底极限位置（空盘输出装置）升起来，从滑台上取走满盘并将其输送到烟盘翻转装置打开的盘架中。盘架上的夹持板关闭后，烟盘升降装置脱离烟盘翻转装置的回转范围，回到设定的等待位置。换盘后烟盘升降装置重新向上回到盘架下面并接收空盘，然后快速落到底极限位置（空盘输出装置），并将空盘输送到空盘输出装置上。

③烟盘翻转装置的功能是将装满滤棒的满盘从后面位置（烟盘升降装置的上部）通过180°旋转输送到前面位置（料库的上部），以便将料盘中的滤棒全部倒入料库，同时将在前面位置已经卸空的空盘输送到后面位置。

④空盘输出装置的功能是从料盘升降装置处接收空料盘并将其输送到输送带端部的取出点。空盘输出装置用作中间储库，最多可存储10 个料盘。

（2）ZF25 滤棒自动输送系统。ZF25 滤棒自动输送系统由 YF25 滤棒发射机、YF215 滤棒接收机、输送管道、发射模块等组成。YF25 滤棒发射机利用压缩空气，通过输送管道将滤棒发送到 YF215 滤棒接收机。YF215 滤棒接收机将来自输送管道的滤棒速度降低，然后将其逐个送至接装机料斗。输送管道将发射机上每个发射模块与接装机上的接收器模块连接起来。发射模块借助发射鼓从料斗中接收滤棒，然后用抽吸空气稳定滤棒，再用压缩空气将其射入输送管路。当接收到滤棒接收器的需求信号时，发射模块开始发送滤棒。YF25 滤棒发射机最多可以装配 10 个发射模块。

6.2.3　质量要求

（1）发送前后滤棒的物理质量特性无明显变化。

（2）发送过程中，应保证滤棒完好，避免输送过程出现滤棒折皱缩头、滤棒爆口、滤棒破损等外观质量缺陷。

6.2.4　重点监控内容

（1）生产前的准备工作。

①做好设备清洁保养，确保滤棒输送通道无灰尘、污渍及其他异物残留，避免污染滤棒。

②根据生产安排，核对计算机设置各滤棒发射机牌号是否正确，核对发送至滤棒发射机物料牌号与卷接机生产牌号是否相符。

③在生产过程中，核对输送至机台的滤棒牌号是否正确，并对滤棒外观质量进行抽检。

④质检员对滤棒进行抽检，确保滤棒外观及物理指标符合质量要求。

（2）生产中的管控工作。

①检查滤棒外观质量是否合格，随机抽样检查滤棒切口是否平齐、有无毛渣，检查滤棒表面是否有破损、皱纹等缺陷，检查滤棒是否有爆口、内胶线、甘油。若发射的滤棒含有特殊工艺，如埋线、颗粒、空管等，应按照特殊滤棒工艺要求对滤棒外观质量进行检查确认。

②在滤棒发射机存料区关注滤棒端面外观质量，对发现有杂物或断面破损的滤棒及时取出并做报废处理。若滤棒缺陷为连续性，应及时停止滤棒发射，并对所使用的滤棒质量进行排查处理，正常后再恢复滤棒发射。

③关注设备上滤棒输送是否正常，及时处理卡机、滤棒堵塞等故障，保障卷

接工序滤棒供应充足。

④卷接操作工关注发射至机台的滤棒外观质量，如有异常，应及时反馈至班组管理人员或维修工排查维修。若因滤棒自身质量缺陷造成滤棒无法使用，应及时对滤棒进行切换，并组织对相应时间段生产出的烟支质量进行排查。

⑤若中途换牌生产，应按照车间换牌操作要求执行，在上一牌号生产结束后清空设备上所有的滤棒，将滤棒装盒回库，并用气管轻吹设备进行保养。根据下一牌号用料要求对来料进行检查和确认。

（3）生产后的管控工作。

①将设备上的滤棒清空装盒，并用压缩空气对设备进行清洁保养。

②设备保养结束后应关闭电源和气源。

6.2.5 嘴棒发射机换牌工作

（1）嘴棒工段长接到烟丝生产后的信息，应通知发射机人员将设备清空。

（2）嘴棒工段长负责对发射机现场清空情况进行检查，发射机人员填写"嘴棒在制品质量跟踪移交卡"，并将剩余滤棒回库。

（3）在嘴棒工段长确认清空后，可更换下一牌号标识牌，在计算机设置新牌号信息，从滤棒高架库发送新牌号滤棒至发射机。

（4）嘴棒运送到机台后，嘴棒工段长对嘴棒外观质量和"嘴棒在制品质量跟踪移交卡"进行核对、确认。

6.2.6 生产过程中异常情况处置流程

（1）生产过程中，若在滤棒发射工序发现滤棒存在外观质量问题，如滤棒胶孔、无甘油等，应立即停机，并通知所有供应卷接机台停机，将滤棒缺陷信息传达至卷接机台。

①滤棒发射工序排查滤棒库剩余滤棒是否存在类似缺陷，若存在缺陷，应报废现场设备上所有滤棒产品，根据当前所使用的滤棒牌号、生产时间信息，对库存滤棒质量进行排查，找出缺陷产生的源头及结束时间，并对该时段滤棒产品进

行隔离禁用。

②卷接工序排查滤棒接收库中滤棒产品是否存在缺陷，若存在缺陷，应报废现场所有滤棒。根据滤棒使用信息对生产出的卷烟产品质量进行排查，必要时启动卷接工序质量追溯流程。

（2）生产过程中，若卷接工序发现滤棒存在折皱、破损等外观质量缺陷，应及时反馈给滤棒工序操作人员，排查来料是否存在类似缺陷，若存在类似缺陷，则及时更换其他合格滤棒。若来料无问题，则判定为由发射机至滤棒接收机工序产生缺陷，及时反馈给维修工对设备进行调整。维修调整结束后，应持续关注后续接收滤棒的外观质量。

（3）生产过程中，因滤棒发射机故障，无法正常供应滤棒给某卷接机台时，应及时将相关信息反馈至维修工进行调整，并反馈给管理人员及时协调安排更换可以使用的发射机，或人工配送所需牌号的滤棒至卷接机台使用，避免因滤棒供应不足影响卷接工序正常生产。维修调整结束后，及时通知卷接机台接收滤棒，并对新接收的滤棒外观质量进行检查，确认合格后才能正常使用。

卷烟物耗
成本控制管理

物耗成本控制管理是卷烟工业企业综合管理的一项重要内容，物耗水平的高低不仅对企业的经济效益产生直接影响，还反映一个企业的技术进步情况和管理水平。因此，加强卷烟物耗成本管理，有效控制生产过程中的原材料消耗，降低成本，对企业具有十分重要的现实意义。

7.1 卷烟烟叶原料、材料消耗指标及统计

7.1.1 烟叶原料生产消耗指标

烟叶原料生产消耗的主要相关指标有出叶丝率、出梗丝率、卷烟制丝及卷接包总损耗率、卷包原料损耗率、万支卷烟原料消耗等。以下为各指标相关统计方法：

（1）标准重量。

烟草物料标准重量按含水率12.0%折算，计算公式如下：

$$M^O = M \times \frac{1-W}{1-12.0\%} \times 100\% \tag{1}$$

式中：

M^O——以含水率12.0%折算的烟草物料标准重量（kg）；

W——实际测量的含水率（%）；

M——实际测量的烟草物料重量（kg）。

（2）出叶丝率。

$$f_{ys} = \frac{M^O_{ys}}{M^O_{Ty}} \times 100\% \text{ 或 } f_{ys} = \frac{M^O_{Ty} - M^O_{Ey}}{M^O_{Ty}} \times 100\% \tag{2}$$

式中：

f_{ys}——出叶丝率（%）；

M^O_{Ty}——投料烟叶标准重量（kg），含片烟、再造烟叶等；

M^O_{ys}——产出叶丝标准重量（kg）；

M^O_{Ey}——排出物标准重量（kg）。

（3）出梗丝率。

$$f_{gs}=\dfrac{M_{gs}^{O}}{M_{Tg}^{O}}\times 100\%\ \text{或}\ f_{gs}=\dfrac{M_{Tg}^{O}-M_{Eg}^{O}}{M_{Tg}^{O}}\times 100\% \tag{3}$$

式中：

f_{gs}——出梗丝率（%）；

M_{Tg}^{O}——制梗丝投料烟梗标准重量（kg）；

M_{gs}^{O}——制梗丝产出梗丝标准重量（kg）；

M_{Eg}^{O}——制梗丝排出物标准重量（kg）。

（4）出烟丝率。

$$f_{js}=\dfrac{M_{js}^{O}}{M_{Ty}^{O}+\Sigma\left(R_{i}\times\dfrac{M_{Ti}^{O}}{M_{si}^{O}}\right)\times M_{ys}^{O}}\times 100\%\ \text{或}\ f_{js}=\left[1-\dfrac{M_{Ey}^{O}+\Sigma\left(R_{i}\times\dfrac{M_{Ei}^{O}}{M_{si}^{O}}\right)\times M_{ys}^{O}+M_{Eh}^{O}}{M_{Ty}^{O}+\Sigma\left(R_{i}\times\dfrac{M_{Ti}^{O}}{M_{si}^{O}}\right)\times M_{ys}^{O}}\right]\times 100\% \tag{4}$$

式中：

f_{js}——出烟丝率（%）；

M_{Ty}^{O}——投料烟片标准重量（kg），含片烟、再造烟叶等；

M_{Ti}^{O}——掺配物料生产工段投料标准重量（kg），i可取烟梗、膨胀用烟片、再造烟片等；

R_{i}——以叶丝计掺配物掺配比例（%），i可取梗丝、膨胀丝、再造烟叶丝等；

M_{js}^{O}——产出烟丝标准重量（kg）；

M_{ys}^{O}——产出叶丝标准重量（kg）；

M_{si}^{O}——掺配物生产工段产出的掺配物标准重量（kg），i可取梗丝、膨胀丝、再造烟叶丝等；

M_{Ey}^{O}——烟片处理工段至制叶丝工段排出物标准重量（kg）；

M_{Ei}^{O}——掺配物生产工段排出物标准重量（kg），i取梗丝、膨胀丝、再造烟叶丝等；

M_{Eh}^{O}——掺配加香工段排出物标准重量（kg）。

（5）卷烟制丝及卷接包总损耗率。

$$\eta = \frac{M_{Es}^{O}+M_{Ej}^{O}}{M_{T}^{O}} \times 100\% \text{ 或 } \eta = \frac{M_{T}^{O}-M_{Z}^{O} \times N \times 10^{-3}}{M_{T}^{O}} \times 100\% \tag{5}$$

式中：

η——原料总损耗率（%）；

M_{T}^{O}——投入原料标准重量（kg），原料指片烟、烟梗、再造烟叶等，不适合原烟；

M_{Es}^{O}——制丝排队物标准重量（kg）；

M_{Ej}^{O}——卷接包排出物标准重量（kg）；

M_{Z}^{O}——单支含丝标准重量（mg）；

N——成品卷烟支数（万支）。

（6）卷包原料损耗率。

$$\eta_{eig} = \frac{M_{Ej}^{O}}{M_{Tj}^{O}} \times 100\% \tag{6}$$

式中：

η_{eig}——卷包原料损耗率（%）；

M_{Ej}^{O}——卷包投料烟丝标准重量（kg）；

M_{Tj}^{O}——卷包排出烟丝（含梗签）标准重量（kg）。

（7）原料利用率。

$$f = 1 - \eta \tag{7}$$

式中：

f——原料利用率（%）；

η——原料总损耗率（%）。

（8）万支卷烟原料消耗。

投入产出法计算公式：

$$C = \frac{M_{T}^{O}}{N} \tag{8}$$

式中：

C——万支卷烟实际原料消耗（kg）；

M_{T}^{O}——投入原料的标准重量（kg），含片烟、烟梗、再造烟叶等；

N——卷烟成品支数（万支）。

（9）工艺损耗法计算公式。

$$C=\frac{M_z^O}{f}\times10^{-2} \qquad （9）$$

式中：

C——万支卷烟实际原料消耗（kg）；

M_z^O——单支含丝标准重量（mg）；

f——原料利用率（%）。

7.1.2　卷烟材料消耗指标

卷烟材料消耗的主要相关指标有万支卷烟材料消耗和材料损耗率，相关统计方法如下：

（1）万支卷烟材料消耗。

$$K=\frac{M_T^C}{N} \qquad （10）$$

式中：

K——万支卷烟实际材料消耗（卷烟纸或接装纸，单位为 kg 或 m；滤棒的单位为万支；商标的单位为张）；

M_T^C——投入材料的数量（卷烟纸或接装纸，单位为 kg 或 m；滤棒的单位为万支；商标的单位为张）；

N——卷烟成品支数（万支）。

（2）材料损耗率（卷接纸、接装纸、滤棒、商标纸）。

$$F=\frac{H-J}{H}\times100\% \qquad （11）$$

式中：

F——材料损耗率（%）；

H——万支卷烟实际消耗材料数量（卷烟纸或接装纸，单位为 kg 或 m；滤棒的单位为万支；商标的单位为张）；

J——万支卷烟理论消耗材料用量（卷烟纸和接装纸，单位为 kg 或 m；滤棒的单位为万支；商标的单位为张）。

（3）材料理论消耗量。材料理论消耗量是指单位产品按设计规格计算出的材料消耗量。烟用材料理论消耗量计算公式及示例见表7-1。

表7-1 烟用材料理论消耗量计算公式及示例

材料类别		理论消耗量计算公式（以万支计）	示例				
			裁切长度/mm	宽度/mm	定量/$g \cdot m^{-2}$	理论消耗量	
						以长度计 m/万支	以质量计 kg/万支
卷烟纸		$L_{卷烟纸}$=（卷烟纸裁切长度×10 000支）÷1 000 $W_{卷烟纸}$=定量×卷烟纸宽度×卷烟纸裁切长度×10^{-5}	60	26.5	28	600	0.445
接装纸		$L_{接装纸}$=（接装纸裁切长度×10 000支）÷1 000÷2 $W_{接装纸}$=定量×接装纸宽度×接装纸裁切长度×10^{-5}÷2	26.5	58	35	132.5	0.269
内衬纸		$L_{内衬纸}$=内衬纸裁切长度×500包÷1 000 $W_{内衬纸}$=定量×内衬纸宽度×内衬纸裁切长度×$5×10^{-7}$	155	114	52	77.5	0.459
烟用包装膜	盒	$L_{盒包装膜}$=包装膜裁切长度×500包÷1 000 $W_{盒包装膜}$=定量×裁切长度×宽度×$0.5×10^{-6}$	166.4	120	18.5	83.2	0.185
	条	$L_{条包装膜}$=包装膜裁切长度×50条÷1 000 $W_{条包装膜}$=定量×裁切长度×宽度×$0.5×10^{-7}$	287	335	20	14.35	0.096
拉线	盒	$L_{拉线}$=盒装拉线裁切长度×500包÷1 000	166.4	2.5		83.2	
	条	$L_{拉线}$=条装拉线裁切长度×50条÷1 000	287	2.5		14.35	

续表

材料类别	理论消耗量计算公式（以万支计）	示例				
		裁切长度 /mm	宽度 /mm	定量 /g·m⁻²	理论消耗量	
					以长度计 m/ 万支	以质量计 kg/ 万支
框架纸	$L_{框架纸}$＝框架纸裁切长度×500 包 ÷1 000 $W_{框架纸}$＝定量×框架纸宽度×框架纸裁切长度×5×10⁻⁷	32.5	95	220	16.25	0.34
盒包装纸	500 张（适用于 20 支 / 盒装卷烟）					
条包装纸	50 张（适用于 200 支 / 条装卷烟）					
封签	500 张（适用于 20 支 / 盒装卷烟）					
纸箱	1 只（适用于 50 条装卷烟）					
	2 只（适用于 25 条装卷烟）					
滤棒	1 667 支（适用于 120 mm、一切六的滤棒）					

注：

（1）以上各式中，"L" 为烟用材料理论消耗长度，单位为米每万支（m/ 万支）；"W" 为烟用材料理论消耗质量，单位为千克每万支（kg/ 万支）。

（2）局部复合或喷铝内衬纸的定量＝含铝部分定量 × 含铝部分比例 ＋ 无铝部分定量 × 无铝部分比例。

（3）框架纸的边缘长度即框架纸的裁切长度。

7.1.3　卷烟损耗率限额

卷烟损耗率限额见表 7-2。

表 7-2　卷烟损耗率限额

序号	指标	损耗率限额（参考值）	备注
1	卷烟制丝、卷包总损耗率	≤ 5.0%	
2	卷烟纸损耗率	≤ 1.5%	烟支标准规格为（59 mm+25 mm）×24.3 mm
3	滤棒损耗率	≤ 1.0%	
4	接装纸损耗率	≤ 1.5%	
5	小盒商标纸损耗率	≤ 0.5%	
6	条盒商标纸损耗率	≤ 0.5%	
7	内衬纸损耗率	≤ 2.0%	
8	小盒透明纸损耗率	≤ 1.5%	
9	条盒透明纸损耗率	≤ 1.0%	
10	纸箱损耗率	≤ 0.1%	

7.2　生产消耗数据在信息系统中的实施与应用

7.2.1　物耗信息系统的实施

（1）物耗信息系统功能模型（如图 7-1 所示）。

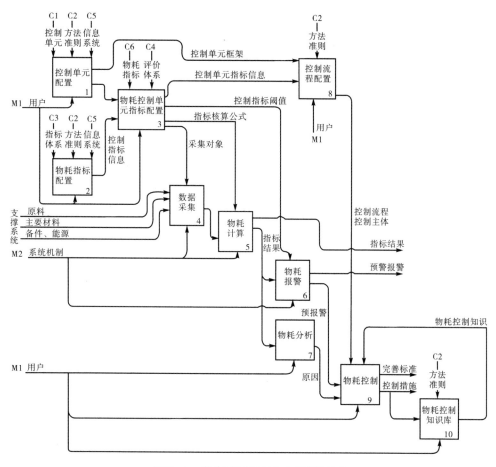

图7-1　物耗信息系统功能模型图

（2）信息数据过程识别。信息数据过程识别的目的是通过梳理、识别生产工艺流程，全面、完整、清晰反映卷烟制造全过程的物料变化、流向及关键信息，明确工厂物耗的最小控制单元及控制指标。工厂应根据生产工艺流程，识别制造全过程的物料投入、物料损耗流出节点和工序；识别过程物耗控制必需的关联信息，并按直接材料指标、过程损耗指标、关联信息指标分类处理，建立工厂制造过程物耗控制指标体系，编制过程指标名录（如图7-2所示）。

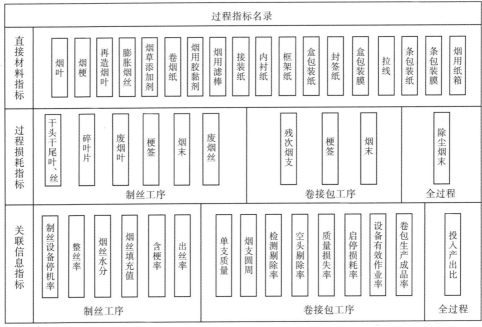

注：

（1）干头干尾叶、丝：叶、丝干燥工序头、尾阶段产生的含水率低于工艺标准值且不能直接进入下一道工序，需要剔除的叶、丝。

（2）碎叶片：直径小于工艺标准值且不能直接进入下一道工序且需要筛分剔除的碎烟叶。

（3）含梗率：卷烟工厂可根据实际细分为叶含梗率和丝含梗率。

（4）出丝率：卷烟工厂可根据实际细分为叶丝出丝率和梗丝出丝率。

图7-2　过程指标名录

（3）统计分析。工厂应依据管理要求，制定过程指标统计、分析流程及要求，对过程指标进行统计分析，反映过程指标状态、趋势与弱值。过程指标统计应包括但不限于以下内容：

①作业单元过程指标统计。作业单元过程指标统计反映制造过程基本作业单元过程指标统计周期内的累计值、平均值、极值、标准偏差。

②作业班次过程指标统计。作业班次过程指标统计反映同一生产部门、不同班次过程指标统计周期内的累计值、平均值、极值、标准偏差。

③部门级过程指标统计。部门级过程指标统计反映同一制造过程、不同生产部门过程指标统计周期内的累计值、平均值、极值、标准偏差。

④厂级过程指标统计。厂级过程指标统计反映工厂过程指标统计周期内的累

计值、平均值、极值、标准偏差。

⑤过程指标水平。过程指标水平通过过程指标实际值与理论值（标准值）或管理目标值的对比，发现过程指标弱值与短板，以便有针对性地选择控制指标。

⑥过程指标影响因素统计。过程指标影响因素统计反映可测量的影响因素对过程指标的影响占比。

（4）信息系统设计原则。卷烟工厂物耗控制即时化信息系统设计应坚持实用性与适用性、规范性与开放性、先进性与集成性、可靠性与安全性、成熟性与可维护性等原则。

（5）信息系统功能要求。卷烟工厂物耗控制即时化信息系统既可以是工厂ERP 或 MES 系统的一个模块，也可以是一个独立的系统。系统应至少具备物耗数据采集、物耗核算、物耗分析、物耗预警、物耗管理以及物耗管理与控制知识库等功能，满足卷烟工厂物耗控制即时化管理与控制对信息系统的任务需求，且具备较高的系统集成性。

（6）物耗信息采集原则。卷烟工厂应根据物耗管理与控制任务和要求，明确物耗信息对象，以便实施物耗信息采集，作为物耗控制即时化信息系统的输入，物耗信息采集应坚持全面性、准确性、实用性、及时性和经济性的原则。

（7）物耗信息分析原则。卷烟工厂物耗信息分析的目的是服务于物耗控制与改进，物耗信息分析应坚持客观反映物耗绩效结果、物耗过程现状、物耗趋势、物耗指标弱质或短板，有利于分析物耗潜在原因及物耗规律的原则。

7.2.2 物耗信息系统的应用

以某卷烟厂物耗信息系统为例，产耗模块内容包含业务功能、统计报表功能、产耗看板功能，统计建模基础数据和功能包括以下方面：

（1）产耗管理。产耗管理包括产耗模型配置模块、成本指标管理模块、制丝产耗管理模块、烟丝库存管理模块、卷包产耗管理模块、滤棒产耗管理模块、能源产耗模块，分别见表 7-3 至表 7-9。

表 7-3 产耗模型配置模块

序号	业务功能名称
1	生产类型
2	产耗数据类型
3	投入产出工艺段
4	剔除类型维护
5	设备类型与消耗物料类型管理
6	消耗类型与物料类型关系维护
7	公摊材料配置
8	三丝称预警参数设置
9	烟丝预警参数设置
10	仓库与储存柜关系维护

表 7-4 成本指标管理模块

序号	业务功能名称
1	关键成本指标维护
2	记录单元维护
3	辅助成本指标维护
4	计量周期维护
5	指标类型
6	卷包预警信息查询

表 7-5 制丝产耗管理模块

序号	业务功能名称
1	制丝工艺段产耗
2	制丝批次产耗查询
3	制丝剔除物管理
4	制丝工单产耗（柳州）

表 7-6 烟丝库存管理模块

序号	业务功能名称
1	柜外烟丝导入管理
2	烟丝调入管理
3	烟丝调出管理
4	人工送丝记录

续表

序号	业务功能名称
5	烟丝库存查询
6	烟丝半成品移交接收凭证
7	外卖供丝计划执行情况
8	烟丝导出记录管理

表 7-7　卷包产耗管理模块

序号	业务功能名称
1	卷包机台产耗管理（柳州）
2	烟丝消耗分摊（工单）
3	嘴棒耗用分摊（工单）
4	卷包剔除物管理
5	机台停机时长录入
6	机台废品录入
7	卷包机台消耗数据核对
8	装封箱机产量分摊
9	烟支回收记录
10	卷烟牌号消耗定额配置
11	卷包公摊材料按月分摊
12	辅料库库存查询
13	片烟库库存查询
14	封箱工序烟条接收记录表
15	卷包车间散烟处理

表 7-8　滤棒产耗管理模块

序号	业务功能名称
1	成型机台产耗管理（柳州）
2	滤棒公摊材料按月分摊

表 7-9　能源产耗模块

序号	业务功能名称
1	车间能源消耗明细管理
2	车间能源消耗统计管理
3	动力车间产耗统计管理

续表

序号	业务功能名称
4	能源消耗统计（车间）
5	能源区域
6	能源区域与能源关系
7	制丝车间能源区域消耗
8	制丝能源消耗统计（批次）
9	厂区各部门能耗统计
10	能源折标系数
11	车间能源消耗录入

（2）统计报表功能。统计报表功能包括卷包废料统计模块、卷包台班产量模块、制丝成本统计模块、制丝生产统计模块，分别见表7-10至表7-13。

表7-10　卷包废料统计模块

序号	业务功能名称
1	卷包车间机台废料日报表
2	卷包车间机台废料月台账
3	卷包车间废料月报（按牌号）
4	卷包车间废料月报（按机台）
5	卷包机台废料统计（按牌号）
6	成型机废料统计（按机台牌号）

表7-11　卷包台班产量模块

序号	业务功能名称
1	卷包车间净台班产量统计表
2	卷包车间台班产量
3	卷包车间净台班产量统计表（按牌号）
4	卷包车间净台班产量统计表（按日期）
5	卷包车间净台班产量统计表（按机台、牌号系列）

表 7-12　制丝成本统计模块

序号	业务功能名称
1	制丝投入消耗统计表
2	叶丝出丝率
3	梗丝出丝率
4	膨丝出丝率
5	烟叶消耗率

表 7-13　制丝生产统计模块

序号	业务功能名称
1	制丝车间生产日报表
2	制丝生产日报（汇总）
3	制丝生产日报（明细）
4	制丝电子秤累计量统计表
5	制丝牌号电子秤累计量统计表
6	制梗牌号电子秤累计量统计表
7	制丝产出统计表
8	三丝称数据预警

（3）产耗看板。产耗看板模块见表 7-14。

表 7-14　产耗看板模块

序号	业务功能名称
1	卷包单耗看板
2	卷包单耗预警看板
3	机台单耗排名看板
4	机台日产量分析看板
5	烟丝综合出丝率看板
6	烟丝生产线出丝率

7.2.3　物耗模型部分功能展示

（1）制丝剔除物管理功能。该功能主要对制丝生产线所有剔除点进行管理，其中叶丝主线包含叶丝风选排除物等 17 个点位，并且根据实际需求按天、班、批进行统计，可以实现对各环节排除物数量精确掌握，有利于后续对主要剔除点开展降耗工作。制丝剔除物信息系统管理展示如图7-3所示。生产制造过程排除物统计项目见表7-15。

图7-3　制丝剔除物信息系统管理展示

表7-15　生产制造过程排除物统计项目

工序	序号	排除物	统计周期	产出工序
叶片段	1	叶片投料区清扫物	天	分片
	2	松散回潮筒排除物	天	松散回潮
	3	松散回潮区清扫物	天	松散回潮
	4	叶片预混间清扫物	天	烟片混配
	5	叶片加料筒排除物	天	烟片加料
	6	加料回潮区清扫物	天	烟片加料
	7	贮叶房1区清扫物	天	配叶、贮叶
	8	贮叶房2区清扫物	天	配叶、贮叶
叶丝段	1	切丝区域清扫物	天	切叶丝
	2	叶丝增温排除物	天	叶丝膨胀干燥
	3	烘丝区域清扫物	天	叶丝膨胀干燥
	4	叶丝风选（含二次风选）排除物	批	叶丝膨胀干燥
	5	叶丝暂存间清扫物	天	配丝、贮丝
	6	掺配间清扫物	天	配丝、贮丝
	7	贮丝房清扫物	天	配丝、贮丝
	8	贮丝出柜筛分物	班	配丝、贮丝
	9	制丝集中除尘	天	配丝、贮丝

续表

工序	序号	排除物	统计周期	产出工序
膨胀线	1	膨胀线投料区清扫物	天	开包
	2	膨胀线松散回潮筒清扫物	天	松散、贮存、喂料
	3	膨胀线叶丝回潮筒排除物	天	松散、贮存、喂料
	4	膨胀线叶丝回潮区域清扫物	天	松散、贮存、喂料
	5	膨胀线冷端区域清扫物	天	叶丝浸渍
	6	膨胀线热端区域清扫物	天	叶丝膨胀
	7	加料回潮筒剔除物	天	冷却回潮
	8	柔性风选排除物	批	膨胀叶丝风选
	9	膨胀丝进柜前筛分排除物	批	膨胀叶丝贮存
梗线	1	投梗间清扫物	天	备料
	2	一级贮梗清扫物	天	贮梗
	3	二级贮梗清扫物	天	贮梗
	4	切梗丝区域清扫物	天	切梗丝
	5	梗加料扫筒排除物	天	梗丝加料
	6	烘梗丝区域排除物	天	梗丝膨胀干燥
	7	梗丝风选剔除物	批	梗丝风选
	8	梗丝间清扫物	天	贮梗丝
卷包	1	卷接机烟沙、包装机烟沙	机台／班	卷接机、包装机
	2	卷接机残烟	机台／班	卷接机
	3	包装机残烟	机台／班	包装机
	4	卷包残烟（含油）	周	包装机
	5	卷包集中除尘	天	包装机

（2）三丝称数据预警功能。该功能主要对混丝加香后主称与叶丝、梗丝、膨胀丝之间的计量差异进行预警，确保计量的准确性。三丝称数据预警功能如图7-4所示。

图7-4　三丝称数据预警功能

（3）烟叶损耗率统计功能。该功能主要对每批产品的烟叶损耗率进行统计，在生产完成后即生成数据，对各批次产品生产的损耗进行有效的监控。烟叶损耗率统计功能如图7-5所示。

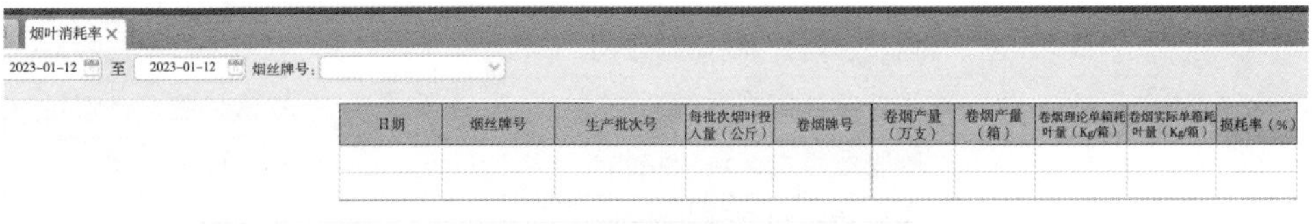

日期	烟丝牌号	生产批次号	每批次烟叶投入量（公斤）	卷烟牌号	卷烟产量（万支）	卷烟产量（箱）	卷烟理论单箱耗叶量（Kg/箱）	烟实际单箱耗叶量（Kg/箱）	损耗率（%）

图7-5　烟叶损耗率统计功能

（4）产耗看板功能。该功能主要以图表的形式，对生产过程中的物耗进行展示，有利于快速发现数据异常及存在的问题。产耗看板如图7-6所示。

图7-6　产耗看板

7.3　卷烟物耗成本控制

做好卷烟物耗成本控制，可以从以下方面着手：

（1）制订企业消耗管理方案。根据产品设计要求，结合生产实际情况和行业先进消耗指标，制订企业自身消耗指标体系，具体可以分解至工段与机台，包括与生产相关的维修人员和辅助人员。生产人员绩效均与消耗挂钩。

（2）定期开展工艺消耗评价，验证工艺消耗控制效果，并结合工艺消耗指标完成情况，对造成物料高耗的工序、流程、操作方法等进行改进。当生产组织形式、工艺参数、加工设备或其他条件发生变化时，及时开展工艺消耗评价。

例如，图7-7是工艺消耗评价时，对制丝剔除物的统计。由图可知，加香筛分排除物、出柜筛分排除物、加料排除物三者占总排除物数量的68%左右，因此需要重点关注和解决。

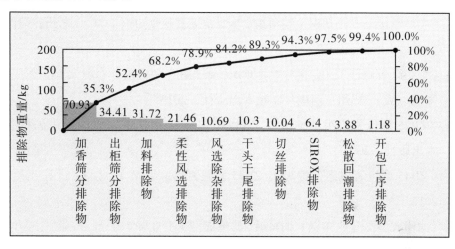

图7-7　制丝剔除物统计排列图

（3）采用项目制的形式开展降耗工作。项目课题由"自上而下"指令性和"自下而上"自主性相结合而形成，指令性课题由工厂根据公司绩效目标和自身发展规划研究下达，自主性课题由各部门、车间和个人结合自身实际情况自由选择。项目推进过程须实时监控生产过程产品质量和消耗指标运行情况，对存在的问题应及时研究解决对策并组织攻关改善。围绕项目开展，持续优化生产过程工艺流程，监控、指导工作方案确定的各个改进项目，并按预期进度实施，就改进过程所需资源及时组织论证并向上级申请。定期收集、验证和整理各提质降耗项目实施情况资料，形成最终工作贡献和成果。

（4）结合信息化系统，建立异常消耗预警管理机制，规范管理、技术、操作人员对各级物耗异常报警的监控、反应和处置，及时采取控制措施。

参考文献

［1］国家烟草专卖局.卷烟工艺规范［M］.北京：中国轻工业出版社，2016.

［2］《卷烟生产过程工艺质量风险防控手册》编写组.卷烟生产过程工艺质量风险防控手册［M］.郑州：河南科学技术出版社，2020.

［3］张槐苓，马林，姚光明.卷烟工艺学［M］.北京：中国轻工业出版社，1997.

［4］姚二民，储国海.卷烟机械［M］.北京：中国轻工业出版社，2005.

［5］《卷烟卷接工专业知识》编写组.卷烟卷接工专业知识［M］.郑州：河南科学技术出版社，2012.

［6］《烟机设备修理工（卷接）专业知识》编写组.烟机设备修理工（卷接）专业知识［M］.郑州：河南科学技术出版社，2013.

［7］《ZB25 型包装机组》编写组.ZB25 型包装机组［M］.北京：中国科学技术出版社，2001.

［8］《ZB45 型包装机组》编写组.ZB45 型包装机组［M］.北京：北京出版社，2012.

［9］《滤棒成型工专业知识》编写组.滤棒成型工专业知识［M］.郑州：河南科学技术出版社，2012.

［10］《烟草检验工（物理）基础知识》编写组.烟草检验工（物理）基础知识［M］.郑州：河南科学技术出版社，2016.

［11］国家烟草专卖局.YC/T 480—2013　卷烟工厂制造过程物耗控制即时化实施指南［M］.北京：中国标准出版社，2013.

［12］国家烟草专卖局.YC/T 413—2011　烟用材料消耗限额［M］.北京：中国标准出版社，2011.